Bahn im Umbruch

Erich Preuß

• Tatsachen • Hintergründe
• Konsequenzen

Bahn im Umbruch

Erich Preuß

• Tatsachen • Hintergründe
• Konsequenzen

trans press

Einbandgestaltung: Dos Luis Santos unter Verwendung von Vorlagen aus dem Archiv des Verfassers.

Bildnachweis:
Die zur Illustration dieses Buches verwendeten Aufnahmen stammen - wenn nichts anderes vermerkt ist - vom Verfasser.

ISBN 3-613-71244-X

1. Auflage 2004

Ein Unternehmen der Paul Pietsch-Verlage GmbH & Co.

Sie finden uns im Internet unter
www.transpress.de

Lektorat: Alexander Burden, Hartmut Lange
Innengestaltung: Ingrid Gerlach
Satz: Schwabenverlag mediagmbh, Ostfildern
Druck: Graspo CZ a.s., CZ-76302 Zlin
Bindung: Graspo CZ a.s., CZ-76302 Zlin
Printed in Czech Republic

Vorwort

In meinem Buch »Die zerrissene Bahn« hatte ich einige Leser mit der Feststellung verblüfft, *»die Bahnreform ist gescheitert.«* Das war eine Meinung, die von der offiziell vertretenen abwich. Seit dem Erscheinen dieses Buches im Jahr 2001 war eine solche Feststellung wiederholt zu lesen, auch von einer Vielzahl anerkannter Fachleute. Zum zehnjährigen Jubiläum wurde die Bahnreform bilanziert, gepriesen und auch als verfehlt bezeichnet.

Seit dem Zusammenschluss von Deutscher Bundes- und Deutscher Reichsbahn und der Gründung der Deutschen Bahn AG zum Jahreswechsel 1993/94 hat sich viel verändert. »Die zerrissene Bahn« beschäftigte sich mit dem Umbruch von der so genannten Behördenbahn zu einem privatwirtschaftlich organisierten Unternehmen (Staatsbahn ist sie immer noch). Der Zeitrahmen war mit den Jahren 1990 bis 2000 abgesteckt. Statt das Buch lediglich zu überarbeiten und zu ergänzen, gelangten der Verlag und ich zu der Überzeugung, dass ein neues Buch sinnvoller wäre, da sich nach 2000 in kurzer Zeit so viel ereignet hatte, dass die Überarbeitung eines 2001 geschriebenen Manuskriptes zu wenig wäre. Deshalb das neue Buch, das die Ergänzung und Fortsetzung der »Zerrissenen Bahn« ist. Sie ist eine Art Scheinwerferlicht auf die Zustände und Veränderungen in dem großen deutschen Eisenbahnunternehmen.

Dessen Vorstandsvorsitzender Hartmut Mehdorn hat diese Bahn und diese Zeit wie kein Anderer geprägt. Er wird – wie im richtigen Leben – in diesem Buch ständig präsent sein. Außerdem habe ich ihm auch ein eigenes Kapitel gewidmet. Ausgespart habe ich Betrachtungen zum Schienenpersonennahverkehr und zum Verhältnis der Eisenbahner zu ihrem Unternehmen. Zu beiden Themen gibt so viel zu schreiben, dass sie jeweils ein eigenes Buch füllen würden.

Dies ist auch kein Buch, das die Eisenbahn als einen Lokomotivpark oder als eine Anlage mit schöner Landschaft und bunten Zügen darstellt, wie es sonst gängige Praxis ist. Mir ging es um die Eisenbahn als ein komplexes System, das man nicht allein vom Bahnsteig aus, sondern auch im Innern betrachten sollte. Mit Kommentaren habe ich mich zurückgehalten; sollen Sie sich doch, geneigter Leser, auf manches ihren Reim machen. Ich habe, wenn ich nicht zitieren musste, auch nicht die vom Marketing und von Werbefachleuten verbreiteten Sprachmarotten übernommen. Von diesen bis hin zur falschen Rechtschreibung wimmelt es bei der Deutschen Bahn.

Ginge es nach Hemjö Klein, dem ehemaligen Personenverkehrsvorstand der Deutschen Bundesbahn, dürfte dieses Buch nicht oder nicht so geschrieben werden. In der *Financial Times Deutschland* vom 31. März 2004 schimpfte er: *»Die Bahn scheint der letzte Tummel-*

platz, auf dem jeder sein Mütchen kühlen kann, ungeachtet ob er gefragt, betroffen oder kompetent ist.« Klein meinte damit nicht kritische Journalisten, sondern Fachleute, die im Bundestagsausschuss für Verkehr am 29. März 2004 ihre Meinung zur Weiterführung der Bahnreform sagten (siehe 6. Abschnitt). Nach Klein hat das Ergebnis der Anhörung *»ein hohes Beharrungsvermögen von Partikularinteressen bestätigt und einen gelegentlichen Mangel an praktischer Vernunft.«*

Vielleicht muss man so schreiben, wenn man als Berater des Bahnvorstandes vergütet wird. Es muss nicht jeder mit jeder Meinung einverstanden sein. Sie, lieber Leser, auch nicht mit meiner. Das Buch soll ja auch eine Chronistenpflicht erfüllen. Die mir dabei geholfen haben, möchten namentlich nicht genannt werden. Ihnen habe ich ausdrücklich zu danken.

Berlin, im Juni 2004
Erich Preuß

Inhalt

1. Gejubelt wird trotzdem

»Wir haben unseren runden Geburtstag angemessen gefeiert und sollten uns das nicht vermiesen lassen.«
Hartmut Mehdorn in: *Bahnzeit* 2/2004

Eine Pressekonferenz mit ausgesuchten Journalisten und eine Feier mit all den »Ehemaligen«, die mit der so genannten Bahnreform vor und seit 1994 etwas zu tun hatten, fand am 14. Januar 2004 im Ballsaal des Hotels Ritz-Carlton statt. Das Hotel ist teuer (gewährte aber, weil der Bundeskanzler da war, Rabatt), aber von den Bahnmanagern bequem zu erreichen, liegt es doch unmittelbar gegenüber dem Bahn-Tower bzw. DB-Headquarter, Potsdamer Platz 2, in Berlin, wo die Konzernleitung der Deutschen Bahn AG ihren Sitz hat.

Das wenige Tage vorher eingeweihte Luxushotel sollte das angemessene Ambiente für einen großartigen Erfolg in der Wirtschaftsgeschichte der Bundesrepublik Deutschland sein. Die Ehrengäste, allen voran Bundeskanzler Gerhard Schröder, gaben dem »Jubiläum 10 Jahre Bahnreform« den entsprechenden Glanz. Wenn jemand Lob für die Bahnreform spendete oder feststellte, sie sei ein Erfolg, dann kam das ausschließlich aus den eigenen Reihen oder von den Regierenden.

Der Vorstandsvorsitzende der Deutschen Bahn AG (DB AG) seit 1999, Hartmut Mehdorn, wirkte während seiner Jubelrede fahrig und zerknittert. Wenige Stunden zuvor musste er im Bundesverkehrsministerium erfahren, dass die Investitionsmittel für die

Der »Bahn-Tower« Potsdamer Platz 2 ist der Sitz des Headquarters der Deutschen Bahn. So steht es am Eingang. Die Konzernleitung hat das Hochhaus mitten im touristischen Zentrum von Berlin gemietet.

Offizielle Vorführung der Hochgeschwindigkeitszüge ICE 3 für Geschwindigkeiten bis zu 300 km/h im Werk Berlin-Rummelsburg am 24. Mai 2002.

Schienenwege nicht so fließen werden, wie im Bahnvorstand erwartet und auch vom Verkehrsministerium einmal zugesagt. Das war nun nicht die Unterstützung, die sich Mehdorn für seinen Kurs in Richtung Börse vorgestellt hatte. Darauf werden wir noch zurückkommen.

Ganz anders als Mehdorn sprach der Festredner, Bundeskanzler Gerhard Schröder, eloquent, mit angemessener Wortwahl und korrekter Grammatik, fast frei, wie man es von ihm gewohnt ist. Und er wirkte gut gelaunt, fast leutselig. Es macht sich bei sol-

Zur EXPO 2000 erhielt der Messebahnhof Hannover-Laatzen ein neues Gebäude und für die Sonderzüge von und nach Berlin einen Extra-Bahnsteig. Nach Art der Luftfahrt wurde er Terminal B genannt.

Das Revitalisierungsprogramm für die Bahnhöfe hat einigen neuen Glanz beschert, wenn auch wie in Nürnberg Hbf die gewohnte Bahnhofswirtschaft wegfiel. Foto: DB/Klee

chen Gelegenheiten immer gut, ein wenig aus der Jugendzeit (Bewerbung als Jungwerker in Hameln) zu erzählen. Das war bei seinem Vorgänger, Bundeskanzler Helmuth Kohl, nicht anders, der im Hotel Adlon den ersten Vorstandsvorsitzenden der DB AG, Heinz Dürr, verabschiedete und seinen Nachfolger Johannes Ludewig einführte. Damals erinnerte er sich an seine Beobachtungen in Ludwigshafen Hbf und sprach detailliert über die dortige Bahnsteigaufsicht.

Auch bei Schröder mussten wie früher stets bei Dürr die einstigen Beamten ihr Fett abbekommen: »*Während früher bei der Behördenbahn barsch ›Die Fahrkarten bitte‹ gerufen wurde, wird man heute sogar noch gefragt, ob man eine Tasse Kaffee haben wolle.*« Wenn man 1. Klasse reist.

Der von Hundertwasser gestaltete Bahnhof Uelzen wurde auch von denen besucht, die ungern mit dem Zug reisten. (2001)

■ Aumühle: Einige kleine Bahnhofsgebäude wurden – auch mit Mitteln der öffentlichen Hand – mustergültig renoviert.

Dass Schröder nicht viel Bahn fährt, verriet er, als er über den Hauptbahnhof seiner Heimatstadt Hannover schwärmte: »*Viele renovierte Bahnhöfe sind als Einkaufs- und Verkehrszentren lebendige Treffpunkte geworden.*« Und die anderen? Über Verkehrspolitik hatten die Redenschreiber dem Bundeskanzler wenig, dafür ein paar Sätze über das Geld aufgeschrieben: »*[...] für eine moderne Bahn muss natürlich auch der Bund seinen Beitrag leisten. Das bedeutet vor allem: Investitionen in ein leistungsfähiges Schienennetz. Diese Investitionen haben wir seit 1998 auf ein Rekordniveau gesteigert. Waren es 1998 noch 2,9 Milliarden Euro [...], so ist dieser Betrag bis zum Jahr 2002 auf 4,2 Milliarden Euro gestiegen. Dabei sind die Investitionen in das lange Zeit vernachlässigte Bestandsnetz von 1998 bis 2002 sogar verdreifacht worden. Wegen der Engpässe im Bundeshaushalt werden wir 2004 dieses Rekordniveau nicht halten können.*«

Mehdorn konnte kaum entspannt hinhören, denn Schuld an der Misere für die Bahn ist das Mautsystem »renommierter deutscher Unternehmen«, Toll Collect genannt,

■ Eine Stadt schämt sich für ihren Bahnhof (2003). Das beauftragte Unternehmen ist pleite, der Stadt blieb 18 Monate eine Baustelle. Erst nach der öffentlich geäußerten Kritik und Geld vom Steuerzahler wurde weiter gebaut. Foto: Engel

das viele gar nicht so toll finden. Für Schröder waren *»die entstandenen Verzögerungen beim Mautsystem ärgerlich.«*

Gut gepokert

Sie sind nicht nur ärgerlich, sie bedeuten für viele Eisenbahner, die noch nicht »sozialverträglich« aus dem Unternehmen gedrängt worden sind, den beruflichen Absturz. Durch die Mautausfälle seien bis zu 2500 Stellen betroffen, teilte Norbert Hansen, Vorsitzender der Gewerkschaft Transnet, Ende Januar 2004 mit. Im Bahnbau begann die Kurzarbeit. Mehdorn blieb nichts weiter übrig, als damit zu drohen, auch begonnene Bauprojekte abzubrechen. Er nannte die geplante Hochgeschwindigkeitsstrecke Erfurt–Nürnberg, den Ausbau der Strecken Düren–Aachen, Uelzen–Langwedel, Karlsruhe–Basel und die Sachsen-Magistrale. Er hatte gut gepokert; Bundesverkehrsminister Manfred Stolpe beruhigte wenige Tage später: *»Die Bahn erhält ausreichend Mittel. Wir werden die Investitionen weiterführen. Was angefangen ist, wird weitergemacht.«* Mehdorn wusste, was er von solchen Versprechungen zu halten hat. Ihm wird abermals bewusst geworden sein, wie er, sein Vorstand und die »privatisierte« Deutsche Bahn von der Politik und den Politikern abhängig sind. Zu seinem Antritt wollte er es nicht wahrhaben. Während der Bilanzpressekonferenz am 10. Mai 2000 zählte er auf, wie die Politiker in die Bahn hineinreden, und schloss an jeden Satz an: *»Damit ist jetzt Schluss!«*

Vier Jahre später, Ende März, das Kontrastprogramm. Im Haushaltsausschuss des Bundestages sagte er, bis mindestens 2008 werde die Deutsche Bahn keine neuen Strecken in Angriff nehmen. Das Geld – 3,2 Milliarden Euro im Jahr statt der geplanten vier Milliarden – reiche gerade für das Bestandsnetz und ein Rest für die Verbesserungen in den Verkehrsknoten Frankfurt am Main, Köln oder Mannheim. Geschickt wies er darauf hin, die Einsparungen träfen in erster Linie die transeuropäischen Strecken, die Verbindungen Deutschlands mit den Nachbarländern. Gerade durch die Erweiterung der Europäischen Union am 1. Mai 2004 seien sie dringend; man sehe sich einmal den Unterschied von Autobahn und Eisenbahn Berlin–Stettin an. Aber wen interessiert das?

■ Viele tragen bei der Deutschen Bahn die rote Kappe. In Frankfurt (Oder) wurden 2003 deutsche und polnische Eisenbahner gemeinsam ausgebildet. Foto: DB/Lautenschläger

■ Das stillgelegte und zum Abbruch freigegebene Bahnbetriebswerk Weißenfels ist kein schöner Anblick (2003). Es demonstriert, wie wichtig oder unwichtig die Eisenbahn in Deutschland ist, denn hier war einmal ein Stützpunkt für die Traktion des schweren Güterzugverkehrs.

Nein, die Bahn und ihr Vorstand können keineswegs wirtschaften, wie sie es für richtig halten. Noch sehen Bundeskanzler, Bundesfinanzminister, auch der Bundesverkehrsminister, die für Verkehr zuständigen Landesminister und verschiedene Ausschüsse des Bundestages auf die Geschäfte der Bahn, die einmal Bundesbahn und – nicht zu vergessen – auch Reichsbahn hieß.

Vielleicht ging das Mehdorn während seiner Jubiläumsansprache durch den Kopf, als er sich mühte, *»nach vorn zu schauen«*. Für ihn war nach zehn Jahren Bahnreform der Wandel vom Staatsbetrieb zum Wirtschaftsunternehmen abgeschlossen. Das Ziel der Bahnreform sei es gewesen, das Unternehmen kapitalmarktfähig zu machen. Es werde mit ihm an die Börse gehen. Davon war 1993/94, als noch niemand von einem Hartmut Mehdorn als Bahnchef wusste, allerdings keine Rede. Zu dieser Zeit fühlte sich der Vorstand der beiden deutschen Bahnen bzw. der Deutschen Bahn (bis auf je einen Mann, den Personalvorstand, waren die beiden Vorstände identisch und aus dem Westen) noch dem Gemeinwohl verpflichtet. Wie sonst konnte es in den Leitsätzen heißen: *»Die Eisenbahn dient der Gesellschaft seit mehr als 150 Jahren: Das ist Auftrag und Verpflichtung auch für die Deutsche Bahn AG.«?*

Heinz Dürr, Vorstandsvorsitzer der Deutschen Bundesbahn und der Deutschen Reichsbahn, hatte vor der Fusion zur Deutschen Bahn die »großen verkehrspolitischen und unternehmerischen Ziele der Bahnreform« so formuliert:

- wesentlich mehr Verkehr auf die Schiene bringen;
- die Belastungen des Bundeshaushalts verringern und nach einigen Jahren sogar die Zuschüsse auf das zu reduzieren, was aus Gründen der Wettbewerbsneutralität erforderlich sein könnte und was sich aus den gemeinwirtschaftlichen Aufgaben ergibt;
- den Eisenbahnern und Eisenbahnerinnen eine berufliche Zukunftsperspektive geben sowie das Unternehmen für neue Mitarbeiterinnen und Mitarbeiter attraktiv machen. [1]

Neben diesen politischen Zielen gehörten zum Reformpaket die strukturellen Veränderungen:

- Umwandlung der Deutschen Bundesbahn und der Deutschen Reichsbahn in eine Aktiengesellschaft;
- Übernahme der langfristigen Schulden von rund 70 Milliarden Mark durch das Bundeseisenbahnvermögen (das ist geschehen);
- rechtliche und organisatorische Trennung von Fahrweg und Transportbetrieb mit der Möglichkeit, beide später auch institutionell zu trennen (wurde bisher nicht verwirklicht);
- frühestens drei, spätestens fünf Jahre nach Gründung der Deutschen Bahn sind mindestens vier Aktiengesellschaften auszugliedern, und zwar je eine für den Personenfern-, den Personennahverkehr und für das Netz; die Holding könnte aufgelöst werden (Personenfern- und Personennahverkehr sind faktisch wieder vereinigt, die Holding besteht als Konzernleitung, die die Aktiengesellschaften an kurzen Zügeln führt, die Personenbahnhöfe Aktiengesellschaft war eine Überplanerfüllung!);
- diskriminierungsfreier Netzzugang Dritter (im Prinzip geschehen);
- Neuorganisation des Personennahverkehrs, damit die Deutsche Bahn nicht Leistungen erbringen muss, die nicht kostendeckend sind (ist geschehen).

Zu der verkehrspolitischen Prämisse des Mehrs an Verkehr auf den Schienen fiel Mehdorn während der Jubiläumsfeier nur ein, dass das Netz an neuralgischen Knoten und Strecken an die Grenze der Belastbarkeit stoße. *»Modernisierung und Ausbau der Infrastruktur«* seien die Voraussetzung dafür, mehr Verkehr auf die Schienen zu holen. Er sprach noch über Kundenfreundlichkeit und mangelnde Pünktlichkeit und stimmte seinen Evergreen an: *»Wir wollen und müssen besser werden!«*

Sie schaffen es!

Erstaunlich war, wie moderat Hartmut Mehdorn sich über die Wettbewerbsverzerrungen beklagte. Da kannte man ihn mit heftigeren Attacken. Wollte er seinem Aufsichtsratsvorsitzenden, Michael Frenzel, der als Vorstandsvorsitzender der TUI eines der geschmähten Billigfluguntemehmen führt, nicht zu nahe treten, wollte er den Auto-Kanzler Gerhard Schröder nicht erzürnen?

Der sagte dazu: *»Sie beschweren sich, lieber Herr Mehdorn, immer über die Privilegien, die es im Luftverkehr gibt. Ich kann dem nicht widersprechen. Aber ich kann natürlich auch keine Versprechungen machen. Sie schaffen es als ein modernes und gut positioniertes Unternehmen ohne Hilfe.«* Das saß. Was will die Deutsche Bahn an verkehrspolitischer Hilfe noch erwarten?

Dass die Deutsche Bundesbahn sich auf den bei der Reichsbahn bewährten Doppelstockwagen besann und ihn einigermaßen komfortabel bauen ließ, kann man ihr gewiss nicht als Minuspunkt anrechnen. Ein Regionalexpress bei Eltersdorf (Strecke Bamberg – Nürnberg). Foto: DB/Weber

Man könnte die Jubelveranstaltung zur Bahnreform als eine von vielen Ereignissen, die die Deutsche Bahn organisiert, abtun. Sie ist aber symptomatisch für das Gebaren der Politiker, Gewerkschafter und Bahnmanager der letzten zehn Jahre. Norbert Hansen, Vorsitzender der größten Eisenbahnergewerkschaft, Transnet, warf dem Vorstand im Unternehmen die unberechtigte Eile vor, mit der er an die Börse drängt, und den rigorosen Arbeitsplatzabbau. Im anschließenden »Forum«, einem eingeübten Wortwechsel unter Leitung der bekannten Fernsehmoderatorin Sabine Christiansen, versöhnte er sich wieder mit Mehdorn, indem er sagte, zur Bahnreform habe es keine Alternative gegeben. Ein Totschlag-Argument, das man von jeder »Reform« kennt. Wer die »fehlende Alternative« beschwört, denkt nicht an andere Möglichkeiten, aus einer Misere zu kommen.

Mehdorn spielte in seiner Ansprache erneut mit Licht und Schatten von heute und gestern. Wie schlecht und ungenügend war doch alles bei der Bundesbahn und bei der Reichsbahn! Um wieviel besser ist es »bei der besten Bahn« – dank seinem Wirken? – geworden. Da gilt das Prinzip, je schwärzer ich die Vergangenheit male, desto heller erscheinen Gegenwart und Zukunft.

Diese Schwarz-Weiß-Malerei beherrschte auch seine Ausführungen vor den Abgeordneten der PDS-Bundestagsfraktion am 16. Mai 2003: Im fünftgrößten Bahnnetz der Welt sei man aus dem Reparieren nicht mehr herausgekommen. Die Reichsbahn sei eine Behördenbahn mit Versorgungsmentalität (sic!) gewesen. Auch bei der Bundesbahn hätten Erneuerung und Modernisierung nicht stattgefunden, es habe keine Innovationen gegeben. Die Anlagen und der Fuhrpark seien »völlig überaltert«, im Durchschnitt 28 Jahre alt, das Schienennetz bestehe zum Teil »aus verrotteten Holzbohlen«. Von 24.000 Brücken seien 80 Prozent älter als 75 Jahre, von 680 Tunnel 90 Prozent sogar über 100 Jahre alt, und es gäbe für die Erneuerung zu wenig Geld.

Derartige Ausführungen beeindrucken Leute mit kurzem Gedächtnis. Bundesbahner und Reichsbahner würden sich erinnern, dass ihr Unternehmen in großem Maßstab elektrifiziert hat. Reichsbahner könnten die rückständige Infrastruktur bestätigen, auch die unterlassenen Investitionen, nicht aber überalterte Fahrzeuge. Schließlich wurden die Lokomotiven der Baureihen 143, 155 und auch 232 nach 1990 zum Rückgrat der Zugförderung auch bei der Deutschen Bundesbahn.

Dagmar Enkelmann, PDS-Abgeordnete im Landtag von Brandenburg, beklagt sich am 27. Februar 2001 beim Konzernbevollmächtigten Horst Gibtner über die Toiletten auf dem Bahnhof Bernau (b Berlin) und die unzureichenden Parkplätze für die Pendler.

Bundesbahner wiederum könnten Hartmut Mehdorn berichten, dass bereits 1979 Intercitys und Eurocitys mit Taktfahrplan und Korrespondenzhalten eingeführt wurden (»Jede Stunde, jede Klasse«), dass in München, Stuttgart, an Rhein und Ruhr, an Rhein und Main sowie in Nürnberg der S-Bahn-Verkehr eingerichtet wurde. Ohne die Eisenbahn ist der Nahverkehr in den deutschen Ballungsgebieten undenkbar. Die Bundesbahn hat Verkehrsverbünde auf- und ausgebaut, mit ihrem Personal verstärkt, Leichttriebwagen und Doppelstockzüge eingeführt, wenn auch verspätet, aber 1991 den Hochgeschwindigkeitsverkehr begonnen, war in der Datenverarbeitung der Industrie zumindest ebenbürtig. Es gibt überhaupt keinen Grund, die Vergangenheit schlecht zu reden.

Vom Aschenputtel zum Goldesel

Vieles, was unter Deutscher Bahn als Bahnreform ausgewiesen wurde, hatte seinen Ursprung bei der Deutschen Bundesbahn. Ausgelöst wurde die Bahnreform durch die gemeinwirtschaftlichen Pflichten, die Daseinsfürsorge des Staates im Nahverkehr. Neben der Regionalisierung des Schienenpersonennahverkehrs wurde das Prinzip »Wer bestellt, bezahlt« eingeführt. Der Erfolg der Regionalisierung ist an dem Mehrfachen dessen zu messen, was aus dem Steuersäckel an die Deutsche Bundesbahn bezahlt wurde und seit 1996 an die Deutsche Bahn bezahlt wird. Der Nahverkehr verwandelte sich vom Aschenputtel zum Goldesel. Deshalb möchten so viele an ihm partizipieren.

Mehdorn ist allerdings nicht zu widersprechen, wenn er behauptete, er sei es gewesen, der Ende 1999 eine Bestandsaufnahme gemacht und festgestellt habe: Wenn wir so weitermachen, wird das Ziel der Bahnreform nicht erreicht. Dieses Ziel war erstens wieder mehr Verkehr auf die Schienen zu holen und zweitens den Staatshaushalt nachhaltig zu entlasten. Die Börseneinführung war nicht das Ziel der Bahnreform, allenfalls ist sie Mittel zum Zweck. Die Deutsche Bahn zu Europas größtem Mobilitätsdienstleister zu machen, war ebenfalls nicht das Ziel der Bahnreform.

Um auf Mehdorns Auftritt vor der PDS-Bundestagsfraktion zurückzukommen: Vermutlich sollten die Genossen der linken Partei vor so viel Mut und Mühe den Hut ziehen, die der Vortragende auf sich genommen hatte, ehe sie mit ihren kleinkarierten Fragen begannen. Sie hatten sich mehr auf eine Aussprache über das damals heiß diskutierte Preissystem (siehe Kapitel 2) eingestellt.

Doch Mehdorn bestimmte im Jakob-Kaiser-Haus den Gegenstand des Gesprächs. Mochten die PDS-Politiker wenig Einfluss auf die Regierung haben; er nutzte diese Gelegenheit, um seinen Anspruch zu formulieren. *»Die Rahmenbedingungen sind so, dass es schlicht nicht möglich ist, mehr Verkehr auf die Schiene zu bringen.«* Dazu tragen die ungerechte

■ Regionalexpress nach Frankfurt (Oder) in Fürstenwalde (Spree) am 9. Juni 2004. Die RE-1 von Brandenburg (Havel) ist eine der erfolgreichsten Nahverkehrslinien in Deutschland. Die Züge mussten auf fünf Doppelstockwagen verstärkt, und es musste der Halbstundentakt eingeführt werden.

Es gibt ihn noch, den Ernst-Moritz-Arndt-Chor, den einstigen Chor der Deutschen Reichsbahn. Zum Jubiläum »10 Jahre RE 1« am 9. Juni 2004 durfte er ein Ständchen bringen.

Behandlung der Bahn mit der Mehrwert-, Öko- und Mineralölsteuer[1] bei. In den Lkw seien sogar die Tanks vergrößert worden, damit man im Ausland viel billigen Kraftstoff auffüllen könne. Für den Zug Berlin–Frankfurt am Main zahle die Bahn viermal mehr Steuern als das Flugzeug. Mehdorn fragte die Genossen der PDS: *»Wo sind die Politiker gewesen, als der Europäische Führerschein, die höheren Oktanzahlen, die Straßenverkehrsordnung eingeführt wurden? Warum haben sie nicht gesagt: Das gilt auch für die Bahn? Nein, die Politiker flüchten links in die Büsche, um die Bahn zu zerschlagen.«*

Ein bemerkenswertes Eingeständnis, was schief gelaufen ist. Es steht im krassen Gegensatz zu den Lobpreisungen der Jubelfeier im Jahr 2004. Danach hat die Deutsche Bahn, um auf einen anderen wesentlichen Punkt der »erfolgreichen Bahnreform« zu kommen, die Steuerzahler um 108 Milliarden Euro entlastet, verglichen damit, wenn weiter die alten Bedingungen geherrscht hätten. Mehdorn machte im Hotel Ritz-Carlton noch eine andere Rechnung auf. Die Väter der Bahnreform – den Vorsitz der Regierungskommission Bahn hatte Günther Saßmannshausen von der Preussag – hatten die Idee, die beiden deutschen Bahnen als Privateisenbahn zu organisieren. [2] Die zum Jubiläum vorgestellte Modellrechnung schloss mit einem um 44 Milliarden Euro günstigeren Ergebnis ab, als es 1993 vom Bundesverkehrsministerium erwartet worden war.

Ob die Bahnreform 44 Milliarden oder 108 Milliarden Euro an Kosten erspart hat, Fachleute halten solche Abrechnungen für fiktiv und abwegig. Sie sagen, der Vergleich mit dem »alten Zustand« sei unzulässig. Denn seinerzeit sind die Zahlen der »fortgeschriebenen Verschuldung« übertrieben worden, um die Politiker für die Bahnreform weich zu kochen. DB-Finanzvorstand Diethelm Sack soll bei der Ersparnis der 44 Milliarden Euro unter den Modellrechnungen die pessimistischste verwendet haben, nämlich die, bei der man

1 So scheint es fast ein Treppenwitz, dass die Mineralölsteuer erhöht wurde mit der Begründung, die Bahnreform zu finanzieren. Steuern sind jedoch nie zweckgebunden, sondern kommen in den Topf des Finanzministeriums.

2 Die Deutsche Bahn AG ist nach wie vor eine Staatseisenbahn, denn 100% der Aktien sind im Bundesbesitz.

den Reichsbahnern viel höhere Abfindungen für ihren Abgang bezahlt hätte. Der Abbau von etwa 100.000 DR-Eisenbahnern fand vor 1994 statt und kann der Bahnreform nicht zugerechnet werden. Auch bei der Bundesbahn war die Zahl der Beschäftigten von 1974 bis 1991 um 230.000 vermindert worden.

Von Heinz Dürr, dem Vorstandsvorsitzer der Deutschen Bundesbahn, sind weitaus schlimmere Zahlen bekannt. Er hatte der Regierungskommission sogar einen Verlust von 280 Milliarden Mark vorgerechnet, entstünde nicht aus der Behördenbahn eine Aktiengesellschaft. Mit Nettokreditaufnahme und Bundesleistungen sollte der Verlust sogar auf 500 Milliarden Mark ansteigen. Der Gesetzentwurf zur Neuordnung des Eisenbahnwesens und zur Grundgesetzänderung war angesichts dieser Zahlen dann den meisten Bundestagsabgeordneten plausibel.

Prof. Gottfried Ilgmann, Berater der Regierungskommission[3], behauptete zum Jubiläum mehrmals, der Steuerzahler sei nicht entlastet, sondern um 17 Milliarden Euro höher belastet worden. Die Deutsche Bahn sollte in den ersten neun Jahren vom Tag ihres Bestehens an – also von 1994 bis 2003 – 19,6 Milliarden Euro Gewinn abwerfen. Es seien aber nur 0,6 Milliarden Euro geworden. [2] Prof. Gerd Aberle setzt 40 Milliarden Euro Entlastung des Bundeshaushalts gegenüber den Erwartungen des Verkehrsministeriums zwischen 1994 und 2002 an, vermutet aber, stattdessen habe die tatsächliche Haushaltsbelastung noch knapp 150 Milliarden Euro betragen.

Vernichtende Bilanz

Dass die Bahnreform ihre Ziele nicht erreicht hat und die Rechenbeispiele der Deutschen Bahn nichts taugen, ist nicht nur Ilgmanns Auffassung. Lange vor dem Jubiläum hatten mehrere Fachleute der Verkehrspolitik darauf hingewiesen. Am 28. Januar 2004, wenige Tage nach der Jubelfeier, verbreitete Wilhelm Pällmann an einem »Parlamentarischen Abend« vor Journalisten seine vernichtende Bilanz. Pällmann ist als Vorstand Steuerung und Planung der Deutschen Bundesbahn kaum noch bekannt, in jüngster Zeit jedoch als Vorsitzender der nach ihm benannten Kommission (mehr dazu in Kapitel 4).

Pällmanns Feststellung war: Die Bundesbahn hatte jahrzehntelang Marktanteile verloren. Gleichzeitig wuchsen die Defizite. Dem Vorstand der DB-AG waren diese Ausführungen Pällmanns unangenehm. Er verständigte zwar die engsten Mitarbeiter darüber, verbot aber – zum Beispiel den Beauftragten der Konzernleitung in den Ländern – die Verbreitung an Dritte. Man kann vermuten, was den Vorstand erzürnte, nämlich Pällmanns Fazit:

1. die rückläufigen Verkehrsleistungen im Personenfernverkehr, ausgeglichen durch leichten Zuwachs im Nahverkehr mit Verdreifachung der Zuschüsse und
2. die geringfügige Zunahme der Verkehrsleistungen im Güterverkehr, aber einen Rückgang im Gesamtverkehrsmarkt von über 20 Prozent 1990 bis unter 15 Prozent 2002. [22]

---

3 Prof. Dr. Dr. Horst Albach, Humboldt-Universität Berlin und Mitglied der Regierungskommission Bahn, behauptet, Ilgmann sei »nur« Schriftführer der Regierungskommission gewesen.

Die Deutsche Bahn in Zahlen 1993 bis 2003 [3]

Jahr[1]	1993[2]	1994	1995	1996	1997	1998	1999	2000	2001	2002	2003
Personal[4]	377.471	322.383	294.844	263.195	239.142	217.372	230.615	222.656	214.371	250.690	242.759
Betriebslänge [km]	40.309	41.401	41.718	41.863	40.826	38.450	38.126	36.588	36.588	35.804	35.593
Beförderte Güter [Mio. t]	314	309	302	288	295	289	279	301	291	278	282
Leistung Güterverkehr [Mio. tkm]	67.124	71.419	69.493	67.369	72.388	73.273	71.494	80.634	80.348	77.981	79.864
Leistung Personenverkehr [Mio. Pkm]	56.909	60.119	60.513	62.145	59.066	65.599	72.846	74.387	74.459	69.848	69.534
davon Fernverkehr[6] [Mio Pkm]	29.596	29.847	30.943	31.264	34.859	34.275	34.526	36.226	35.342	33.173	31.619
davon Nahverkehr [Mio. Pkm]	26.937	30.272	29.570	30.881	28.077	31.324	37.949	38.162	39.117	36.675	37.915
Umsatzerlöse[3] [Mio. DM/Euro]	17.024/ –5.726	23.753/ 12.145	23.655/ 12.095	24.401/ 12.476	24.468/ 12.510	30.018/ 15.348	[30.570]/ 15.630	[30.247]/ 15.465	[30.750]/ 15.722	[36.545]/ 18.685	[55.209]/ 28.228
Betriebsergebnis [Mio. DM/Euro]	–11.199/ –5.726	491/251	553/283	721/369	359/183	394/201	182/93	[72] 37	[–888] –454	[–336] –172	
Jahresüberschuss [Mio. DM/Euro]	–15.571/ 7.961	181/93	264/135	978/501	200/102	170/87	87/44	85/43	[–794] –406	[–915] –468	[–479] –245

1 jeweils 31. Dezember des Jahres
2 Deutsche Bundesbahn und Deutsche Reichsbahn zusammen
3 Die Deutsche Bahn nennt in der Zusammenfassung ihrer Ergebnisse unterschiedliche Zahlen
4 Arbeitnehmer, Beamte und Lehrlinge
5 Neue Berechnungsweise. In den Personalbestand wurden neue Organisationseinheiten einbezogen
6 über 50 km Tarifentfernung

Zu der Behauptung, man habe dem Steuerzahler 108 Milliarden Euro erspart, stellte Pällmann fest: 1993 – ein Jahr vor dem Beginn der Bahnreform – gab die Bundesregierung den deutschen Bahnen (umgerechnet) 18,5 Milliarden Euro Zuschuss. 2002 waren es 18,3 Milliarden Euro. Das seien 2 Milliarden Euro mehr, als Bund, Länder und Gemeinden für das Straßenwesen ausgeben, auf dem 80 Prozent des Güterverkehrs erbracht wird. Der aber zahle, ohne die Lkw-Maut, 45 Milliarden Euro Steuern.

Nach Pällmanns Ansicht werden die Deutsche Bahn sowie der Schienenverkehr überhaupt nicht benachteiligt, vielmehr seien der Aufstieg des Lkw und Pkw das Ergebnis einer Evolution. Straßen seien nicht gebaut worden, um die Eisenbahn zu verdrängen, sondern um der Nachfrage zu entsprechen. Wenn der Staat mehr Geld für die Straße als die Schienenwege ausgegeben habe, entspräche das den Leistungen, die auf den Straßen erbracht werden. Soll der Schienenverkehr gesteigert werden, muss die Verkehrspolitik entsprechende Maßnahmen ergreifen, wobei Pällmann die Worte Verkehrslenkung und -verlagerung nicht in den Mund nahm, aber eine von der Deutschen Bahn unabhängige Netzgesellschaft forderte.

Es mag Fachleute geben, die anderer Meinung sind. Was Pällmann nach zehn Jahren Bahnreform am 23. März 2004 auch vor dem Verkehrsausschuss des Deutschen Bundestages sagte, war Essig in den Wein, der zu den Jubelfeiern eingeschenkt wurde. Sich mit Zahlen auseinander zu setzen, ist nicht jedermanns Sache. Vergleichen wir trotzdem das Ergebnis der Bahnreform mit den hehren Zielen, die Heinz Dürr, der Abwickler der Deutschen Reichsbahn, formulierte. Manfred Schell, Vorstandsvorsitzender der Gewerkschaft Deutscher Lokomotivführer (GDL), ein entschiedener Gegner der Bahnreform, resümierte im Januar 2004: *»Ich konnte nicht erkennen, dass eine Privatisierung der Bahn allein reicht, mehr Verkehr auf die Schiene zu bekommen. Auch nicht, dass durch sie Arbeitsplätze gesichert wurden. Von rund 400.000 gibt es heute noch die Hälfte. Ich war auch überzeugt davon, dass die Privatisierung den Verkehr in der Fläche ausdünnen würde. Auch das ist geschehen.«*

Wer zum Trotz den Erfolg der Bahnreform beschwört, pickt sich die Rosinen heraus. Das war auch in der DDR so üblich. Gewerkschaftsfunktionäre verglichen vor dem 40. Jahrestag der DDR im Jahr 1989 mit Zahlen aus dem Jahr 1949. Da musste der Lebensstandard gewachsen sein. Wurde 2004 der Bahnreform applaudiert, war das Jahr 1993 die Bezugsbasis. Seitdem sind die Bahnhofsgebäude schmucker geworden, die Fahrzeuge bunter, die Züge schneller und auch der Kundendienst ist besser als je zuvor. Das bestätigte auch der Bundeskanzler. Der zweite Bahn-Chef seit 1994, Dr. Johannes Ludewig, maß den Erfolg der Bahnreform nicht an den ursprünglichen Zielen und Versprechungen, sondern an den unterschiedlichen Erwartungen, die an die Entwicklung seit 1994 geknüpft wurden. [5] Ludewig stellte *»spürbar mehr Verkehrsleistung, Stabilisierung der Marktanteile, modernisierte Wagen, Züge und Bahnhöfe, über 200 Bahnunternehmen (mehr als im restlichen Europa zusammen) in Konkurrenz zur Deutschen Bahn, die Internationalisierung vor allem im Güterverkehr«* heraus und rühmte: *»Kein Zweifel: Im europäischen Vergleich gehört die Deutsche Bahn zu den am besten aufgestellten Eisenbahnunternehmen in Europa, auch wenn dies kaum wahrgenommen wird.«*

Die Wirklichkeit sieht anders aus

Zum Beispiel hindert die Wirklichkeit die Bahnkunden daran, in Eisenhüttenstadt oder Leutersdorf wie anderenorts ihre Bahn so zu sehen. Die 2400 Bahnhofsgebäude sind nicht nur *»Verkehrsdrehscheibe, Marktplatz und Visitenkarte für Städte und Regionen«* (Wolf-Dieter Siebert, Vorsitzender des Vorstands von DB-Station & Service 2004), sie sind auch Stätten des Verfalls. Die Regio-Swinger, Talente, ICE-T, ICE 2 und gar der ICE 3, die uns als Erfolg der Bahnreform verkauft werden – sie gäbe es nur dank der Bahnreform, behauptete einmal ein Pressesprecher des ehemaligen Herstellers Adtranz –, hätte es sicherlich auch bei einer Bundesbahn ohne Bahnreform gegeben. Die Entwicklung wäre 1993 nicht stehen geblieben, und intelligente Eisenbahner gab es auch bei ihr.

Es blieb Betriebsräten vorbehalten, anlässlich zehn Jahren Bahnreform auch die andere Seite zu beleuchten. Der Betriebsrat von Stinnes/Railion (siehe Kapitel 3) Deutschland erinnerte, *»in diesen zehn Jahren amtierten sechs Verkehrsminister und drei Vorstandsvorsitzende. Was haben die eingangs erwähnten Minister und Vorstände aber auch in den vergangenen Jahren die Bahn einer Rosskur nach der anderen unterzogen. Umstrukturiert und umgesteuert. Unternehmen verkauft und wieder zurückgekauft. Töchter gezeugt und Beteiligungen verhökert und bei diesen ganzen Aktionen mehr als 150.000 Arbeitsplätze vernichtet. Die erzielte 160prozentige-Produktivitätssteigerung ist vor allem diesem riesigen Arbeitsplatzabbau und der hohen Einsatzbereitschaft der zu recht so sehr gelobten Eisenbahnerinnen und Eisenbahnern zu verdanken.«* [9]

Der am 6. November 2002 auf die Freie und Hansestadt Hamburg getaufte ICE-T 411 012 in Nürnberg Hbf. Foto: Emersleben

Das marktwirtschaftlich geführte Unternehmen brauchte andere Strukturen. Das haben die Leute der Beratungsfirmen Roland Berger und Mc Kinsey den Eisenbahn-unerfahrenen Vorständen eingeredet. Aus der historisch gewachsenen Eisenbahn sollte ein »ganz gewöhnliches« Wirtschaftsunternehmen werden.[4]

Das Auseinanderreißen und Verselbstständigen von Organisationseinheiten, die eigentlich zusammengehören (wie die des Bahnhofs) wird auch von Eisenbahnern der Ebene als unangenehm und unpraktisch empfunden. Bestimmt hat es den Betrieb verteuert, mag man sich als Ausdruck der »Kostenwahrheit« auch regelmäßig Rechnungen zusenden. Wieso ein zur Aktiengesellschaft Fahrweg gehörender Fahrdienstleiter eines kleinen Bahnhofs nun nicht mehr für die Aktiengesellschaften Regio sowie Reise & Touristik Fahrkarten verkaufen durfte, versteht kaum jemand. Der »Kunde« sah das Neue an dem Aushang, dass der Fahrkartenschalter geschlossen sei und man sich am Automaten bedienen müsse. Das, obwohl der Bahnhof noch von einem Eisenbahner besetzt ist und der durch den Taktverkehr jeweils eine Stunde Zeit bis zum nächsten Zug hat.

Jeder Eisenbahner bei der Deutschen Bahn kennt Beispiele, wie uneffektiv die zerrissene Bahn ist. So kommt beispielsweise IC 2131 von Norddeich Mole täglich um 20.13 Uhr in Cottbus an (Jahresfahrplan 2003/2004). Das Zugpersonal nächtigt bis zum nächsten Morgen in einem Hotel; der Zug mit der Lokomotive bleibt auf dem Bahnhof. Der »Personenverkehr aus einer Hand«, wie es ihn früher gab, hätte zumindest beim Zugbegleitpersonal für eine Rückleistung gesorgt und sei es im Nahverkehr. Auch die Lokomotive und ihr Führer wären am selben Tag auf einen anderen Zug übergegangen. So gehören aber Lokomotive und Personal zum Fernverkehr. Außergewöhnlich, wenn Fern- und Nahverkehr vernetzt wären.

Dass das Auseinandertriften der Geschäftsbereiche nicht ideal war, spürte auch Hartmut Mehdorn, wenn auch auf einer anderen Ebene. Gleich nach seinem Antritt sprach er davon, die Deutsche Bahn solle wie aus einem Guss sein. Die als dritte Stufe erwogene Auflösung der Holding und Bildung unabhängiger Aktiengesellschaften rückte unter Mehdorn in weite Ferne.

Als Mehdorn Ende 1999 antrat, hatte sein Vorgänger Johannes Ludewig gerade die zweite Stufe der Bahnreform umgesetzt: die Aufteilung des Konzerns in eine Management-Holding und fünf Tochtergesellschaften. Das waren DB Reise & Touristik (vorher Fernverkehr), DB Regio (vorher Nahverkehr), DB Cargo (vorher Güterverkehr), DB Netz (vorher Fahrweg) und DB Station & Service (vorher Personenbahnhöfe).

Wenige Monate später nahm Mehdorn die gesellschaftsrechtliche Ausgliederung de facto zurück. Christoph Franz führte Reise & Touristik sowie Regio in Personalunion (dessen Nachfolger Rausch ebenfalls). Ende des Jahres wurde die Aktiengesellschaft Station & Service quasi aufgelöst, indem Mehdorn den Vorstandsvorsitzenden Dieter Ullsperger zu einer Immobilien-Tochtergesellschaft abschob. Das Ressort Personenbahnhöfe leitet seitdem Wolf-Dieter Siebert, den Mehdorn aus der Aerospace-Zeit kennt. Siebert war beim Aerospace-Partner EADS Vizepräsident.

---

4 Wie das vor sich ging, ist in dem Buch »Die zerrissene Bahn« [Stuttgart 2001] erläutert.

Bei der Netz-AG löste Mehdorn die Funktionen des Planens und Bauens heraus und unterstellte sie dem Vorstand. Mehr dazu im 4. Kapitel.

Die Bierdose in Mannheim

Von den Eisenbahnern wurde die Zurücknahme der Aufteilung (die aber stecken blieb) begrüßt. Dass Mehdorn nicht mit ansehen wollte, wie die »Führungsgesellschaften« auseinander driften, soll angeblich einer Bierdose zu verdanken sein, wie eine Legende berichtet. In Mannheim Hbf kam ein Eisenbahner, der zur Aktiengesellschaft Reise & Touristik gehörte, dem Wunsch Mehdorns nicht nach, eine Bierdose aufzuheben. Dafür sei Station & Service zuständig, soll er gesagt haben.

Die offizielle Version verlautet, die Deutsche Bahn soll dem Kunden als Unternehmen »aus einem Guss« gegenüberstehen, um ihn so besser bedienen zu können. Schließlich formulierte der Konzern einen Allgemeinvertretungsanspruch für den Schienenverkehr, indem er sich in der Öffentlichkeit als »Die Bahn« darstellt. Der Kunde soll nicht auf den Gedanken kommen, dass es noch andere Eisenbahnen gibt.

Einerseits soll es ein Unternehmen sein, andererseits wird die Deutsche Bahn weiter zersplittert in einer Weise, dass selbst an den Strukturen interessierte Eisenbahner den Überblick verlieren. Die Öffentlichkeit sowieso. Als die Stadt Falkensee die Umgebung ihres Bahnhofs verschönern und sich mit Verantwortlichen abstimmen wollte, verfing sie sich in einem Gewirr, zu dem der städtische Baudezernent Harald Höhlig sagte: *»Die Bahn ist wie ein Schwamm, alle unsere Anfragen werden aufgesaugt und verschwinden.«* Die in Potsdam erscheinende *Märkische Allgemeine* bemerkte dazu: *»Der Weg dorthin ist ein Lehrstück über Strukturen eines Verkehrs-Molochs. Im ehemaligen Staatsbetrieb sind für den Bahnhof Falkensee sowohl die Tochtergesellschaft ›DB Netz‹ (für den Gleiskörper), ›DB Imm‹ (für die Immobilien und Anlagen) oder ›DB Station & Service‹ (für die Bahnsteige) zuständig.«* [10] Dabei beschäftigen sich viele Mitarbeiter der Deutschen Bahn mit der »immer effizienteren« Organisation, die sich wiederum beraten lässt, wie sie ein ganz gewöhnliches Unternehmen wird. Ungewöhnlich für diese fachfremden Berater wäre für solche und andere Fälle ein Bahnhofsvorsteher als Repräsentant der Bahn für die untere Ebene. Das aber wäre die Eisenbahn von gestern, die nur zum Verspotten taugt.

Bereits bei der Deutschen Bundesbahn drehte sich das Karussell der Strukturveränderungen – bei der Deutschen Reichsbahn wurde die Organisation ebenfalls oft verändert, wenn auch immer moderat, nicht grundsätzlich und unentschlossen. Doch bei der Nachfolge-Bahn dreht es sich seit 1994 so schnell, dass der Betriebsratsvorsitzende Günter Kirchheim schreiben musste: *»Es wurde eine Maschine zur Vertreibung von qualifiziertem Personal angeworfen …«* [6]

Zu den wesentlichen Veränderungen gehören:

1. Januar 2001
Die am 1. Januar 1997 gegründete DB-Energieversorgung GmbH & Co KG (seit 1. März 1999 DB-Energie GmbH) übernimmt das gesamte Energiegeschäft der Deutschen Bahn.

Bis Ende Mai 2001
Redimensionierung (sic!) der Zentralen von Reise & Touristik und Regio, Abbau von 272 Arbeitsplätzen

1. Juli 2001
DB-Energie wird Eisenbahninfrastrukturunternehmen.

1. Januar 2002
Zusammenschluss sämtlicher Projektgesellschaften zu DB-Projekt Verkehrsbau

14. Februar 2002
Der DB-Netz-Vorstand beschließt, die Netzsegmente Fern- und Ballungsnetz, Regionalnetz und Anlagen um das Segment Telekommunikation zu ergänzen.

1. April 2002
Ausgliederung der Bahntelekommunikation aus Arcor und Gründung des Gemeinschaftsunternehmens Arcor/DB-Telematik GmbH. DB-Telematik sollte 2004 mit DB-Systems zusammengeführt werden zu einem »*innovativen High-Tech-Unternehmen mit einem breiten Leistungsportfolio, das seinen Kunden stabile und wirtschaftliche IT- und TK-Dienstleistungen aus einer Hand liefert.*« Dazu kam es nicht, die Fachgebiete sind zu unterschiedlich.

Die Abteilung Großraum- und Schwerlastverkehr von DB-Cargo wurde zur Firma Nuclear Cargo + Service (NCS), einer hundertprozentigen Tochter von DB-Cargo, ausgegliedert.

1. Januar 2003
Die Deutsche Umschlagggesellschaft Schiene – Straße (DUSS)[5] mit Sitz in Bodenheim pachtet 33 Umschlagbahnhöfe (gemeinhin Containerbahnhöfe genannt) und übernimmt deren Betriebsführung. Eigentümer bleibt DB-Netz.

6. Januar 2003
Beginn des Projekts »Neuordnung der Instandhaltungs- und Instandsetzungsfunktionen im Unternehmensbereich Fahrweg, einschließlich Bahnbau-Gruppe (NDX)« mit dem Ziel, die Instandhaltungskosten zu senken.

1. Oktober 2003
Neuorganisation des Personenverkehrs mit den Geschäftsfeldern Fernverkehr, Regio und Stadtverkehr, darunter Ausgliederung des Rangierdienstes zu DB-Dienstleistungen; Ausgliederung des Vertriebs (Fahrkartenausgabe, Reisezentren) geplant. Der Personalbestand des Vertriebs soll von 5800 Beschäftigten im Jahr 2003 auf 4700 im Jahr 2008 gesenkt werden.

---

5 Gesellschafteranteile: 75 Prozent DB-Netz, je 12,5 Prozent Kombiverkehr GmbH & Co KG und DB-Cargo

Die Bahn schloss 2002 in Demmin den Fahrkartenschalter. Da blieb dem Verkäufer nur übrig, eine Agentur zu gründen.

1. Januar 2004
Neuorganisation der Instandhaltung und Instandsetzung bei DB-Netz. DB-Netz trennte in Instandhaltung und Instandsetzung und löste den bisherigen Geschäftsbereich DB-Bahnbau auf. Seine Kapazität ging zum Teil in der Instandsetzung von DB-Netz auf und teilweise in der Tochtergesellschaft DB-Bahnbau GmbH (DBB). Die wiederum ist ein Teil der hundertprozentigen Tochtergesellschaft von DB-Netz, Bahnbaugruppe genannt. Zu ihr gehören neben der DBB der Deutsche Gleisbau (DGT), der Deutsche Bahn Gleisbau (DBG), die Mobile Oberbauschweißtechnik (MOS) sowie der Ingenieur-, Brücken- und Tiefbau (Ibb). Wie einfach!

Wer bisher bei der Deutschen Bahn in der Instandhaltung tätig war, aber Instandsetzung (Entstörung, Fehler- und Mängelbeseitigung, planbare Instandsetzung und Erneuerung) ausübte, wechselte zur Instandsetzung bei DB-Netz. Zu dieser Organisationseinheit gehören auch das Werk Oberbaustoffe in Witten, das Signalwerk in Wuppertal und die Verkehrsbaulogistik.

Instandsetzung und Instandhaltung

Instandhaltung soll die Hausherrenfunktion, Instandsetzung die des Dienstleisters sein, DB-Netz Betrieb plant und führt den Eisenbahnbetrieb aus. Die Tochtergesellschaften DB-Telematik (das ist das 2001 von ARCOR zurückgekaufte Bahn-Fernsprechnetz Basa) und DB-Systems sollen zusammengeschlossen werden. Die Fusion ist, nachdem viel Geld verpulvert worden ist, aufgegeben worden. Die Chefs suchten das Weite.

Schließungen der Werke

Am 4. Dezember 2003 malte der Vorsitzende des Gesamtbetriebsrats Technische Instandhaltung, Kuno Dreschmann, auf der Konferenz der Betriebsräte im Park-Inn-Hotel, Berlin, ein düsteres Stimmungsbild von der »schweren Instandhaltung«: *»Das Rollmaterial wird bis an die Verschleißgrenze gefahren. Der Personalabbau in den Bestandswerken gefährdet die fristgemäßen Revisionen. Die zehn Jahre Bahnreform brachten der Instandhaltung schwere Einschnitte. Das wird sich noch beschleunigen.«* Dreschmann sah die Ursachen der Fehlentwicklung auch in der Verkehrspolitik, die man den Ländern überlassen habe. Jedes Land wolle sein Regio-Bähnchen. In einem unfairen Wettbewerb würden der Deutschen Bahn die Aufträge und damit die Instandhaltung entzogen. Das stimmte nicht ganz, weil dafür anderswo Instandhaltungswerke übernommen bzw. aufgebaut werden. Zum Beispiel wird sich die Deutsche Bahn nicht beklagen, dass Connex die Triebwagen im Ostdeutschen Bahnwerk Neustrelitz instandsetzen lässt und nicht im DB-Werk Kassel. Der Deutschen Bahn war doch das Neustrelitzer Werk eine Last!

Wenn es um die Schließung der Werke ging, war Dr. Johannes Keil zur Stelle. Er war seit 1. Oktober 2000 der Sprecher der Geschäftsleitung Fahrzeuginstandhaltung im Ressort Technik (inzwischen DB-Service unterstellt) und hatte selbst erfahren, wie es ist, wenn plötzlich durch eine Stilllegung der Arbeitsplatz verschwindet. Denn er kam von der Projektleitung Magnetbahn Berlin–Hamburg. Doch Keil musste sich keine Sorgen machen, nachdem sich die Deutsche Bahn von dem Magnetbahn-Projekt zurückgezogen hatte. Er erhielt den Auftrag, einen Teil der »Werke der schweren Instandhaltung« abzuwickeln und konnte mit der Sanierung beginnen. Andere nennen das Schließen oder Abwickeln.

Der Personalbestand wurde dem Auftragsbestand angepasst, ohne irgendwelche Emotionen. Deshalb mochte Keil auch keine Diskussion über die Organisation: *»Das erzeugt nur Reibungshitze in den Transportbereichen.«* Als die beabsichtigte Schließung von Werken der schweren Instandhaltung ruchbar wurde und die Gewerkschaft Transnet dies publik gemacht hatte, schrieb Dr. Keil am 17. Oktober 2000 Herrn Hansen, Transnet, eine Notiz: *»wir erhielten Kenntnis davon, dass es Aussagen ihrerseits geben soll, insbesondere gegenüber den Betriebsräten der Werke Delitzsch, Bremen, Zwickau, Opladen und Chemnitz sowie gegenüber den Medien, dass die DB AG beschlossen habe, diese Werke in oder nach 2001 zu schließen.*

Diese Behauptung entspricht nicht den Tatsachen.

Die Beschlüsse des Vorstands der DB AG sind in der Presseverlautbarung vom Abend des 16.10. aufgeführt. Darüber hinausgehende Beschlüsse wurden nicht getroffen.

In Abstimmung mit Herrn Dr. Föhr [damals Personalvorstand – E. P.] bitte ich Sie deshalb, von solchen Behauptungen sowohl in der Öffentlichkeit als auch gegenüber den Werken abzusehen.«

Vier Tage nach dem Brief musste Föhr den Medienvertretern gestehen, dass eine solche Entscheidung des Vorstands gab; er musste sie angesichts der »schwierigen Finanzsituation« der Bahn verteidigen. Vier Instandhaltungswerke und sechs Spezialwerke müssten bis Ende 2001 ganz, weitere, in Stendal, München-Neuaubing, Leipzig-Engelsdorf und Neustrelitz bis 2001 zu 80 Prozent stillgelegt werden. Eine Neuordnung sei unverzichtbar. Am

Die Werke nach 2000

Arnstadt (Eisenwerk)	am 1. August 2000 verkauft
Berlin-Grunewald	am 1. November 2001 geschlossen und an DB-Museum Nürnberg übergeben
Berlin Ostbahnhof	am 15. Oktober 2002 geschlossen, verlegt nach Berlin-Rummelsburg, Anlagen abgerissen und verkauft
Blankenburg (Harz) (Forschungs- und Entwicklungswerk)	am 1. August 2003 an GSU, Gesellschaft für Sicherheits- und Umwelttechnik, verkauft
Brandenburg (Werk für Gleisbaumechanik)	am 1. Januar 2002 an GBM Gleisbaumechanik, Tochtergesellschaft der Spezialtechnik Dresden verkauft
Bremen Rbf	am 1. Januar 2001 geschlossen
Chemnitz Hbf	am 15. Dezember 2002 geschlossen
Chemnitz* (Diesellokomotiven)	seit 1. Januar 2004 Werkstatt
Delitzsch* (Reisezugwagen)	vorerst nicht verkauft
Dessau (Stahlbau)	am 1. Juli 2001 verkauft
Frankfurt (Main) 2,	am 1. Juli 2002 geschlossen
Görlitz	am 15. Dezember 2002 geschlossen und an Connex vermietet
Greifswald (Komponentenwerk)	am 1. März 2000 verkauft und umbenannt in Industrie Transport Systeme
Greifswald (Spezialwerk Autohaus)	am 1. April 2001 verkauft
Halberstadt* (Spezialwerk)	am 22. Mai 2002 an Unternehmensgruppe Zeppenfeld, Bremen, verkauft und in Verkehrs Industrie Systeme umbenannt[1]
Köln Betriebsbahnhof	1999 geschlossen
Hamburg-Eidelstedt	am 1. Februar 2001 geschlossen
Hannover-Leinhausen (Reisezugwagen)	am 31. Dezember 2002 geschlossen
Leipzig-Engelsdorf* (Güterwagen)	am 1. Januar 2002 an Duroc Rail (Schweden) verkauft[2] und umbenannt in Leipzig-Rail-Service
Limburg (Reisezugwagen)	am 31. Dezember 2002 geschlossen[3]
Lutherstadt Wittenberg	am 1. Januar 2001 geschlossen
München-Aubing (Fernmeldewerk)	am 1. Mai 2001 verkauft und umbenannt in Fernmeldewerk München-Aubing
München-Neuaubing* (Reisezugwagen)	am 1. Januar 2002 geschlossen, Elektronikwerkstatt ausgegliedert
Neustrelitz* (Diesellokomotiven)	am 1. Februar 2003 an Konsortium von Stinnes und Prignitzer Eisenbahn verkauft[4]
Opladen*	am 31. Dezember 2003 geschlossen
Schwerin	am 1. Juli 2001 geschlossen
Stendal* (Diesellokomotiven)	Joint-Venture seit 1. November 2002 mit dem ALSTOM-Konzern (DB 49 % Geschäftsanteile), im November 2003 Übergang zu ALSTOM und umbenannt in ALSTOM-Lokomotiv-Service
Stralsund	am 9. Juni 2001 geschlossen
Vacha (Stahlwerk)	am 1. Juli 2001 verkauft und umbenannt in Stahl- und Anlagenbau Vacha
Wuppertal-Steinbeck	2002 geschlossen

Zwickau* (Güterwagen)	seit 1. Januar 2004 Werkstatt[5]

* Werk der so genannten schweren Instandhaltung
1 Von 330 Beschäftigten sind 45 nach einem Jahr zur Deutschen Bahn zurückgekehrt.
2 Vorhanden: 280 Eisenbahner, übernommen: 151
3 Bis Ende Dezember 2002 noch Umlackierung von Wagen in Verkehrsrot
4 Holding der Hugo Stinnes AG und der Prignitzer Eisenbahn. Bei DB: 240 Eisenbahner, übernommen wurden 73!
5 Am 1. November 2002 Wegfall von 263 Arbeitsplätzen (bis dahin 495)

26. Juni 2001 beschloss der Vorstand ein neues Werke-Konzept. Danach blieben im Bereich der »schweren Instandhaltung« die Werke für

- Reisezugwagen in Neumünster und Wittenberge;
- Intercity-Express und Triebwagen des Regionalverkehrs in Krefeld (ICE, elektrische Triebwagen), Kassel (Dieseltriebwagen) und Nürnberg (ICE). Das Nürnberger Werk blieb nach wochenlangem Kampf der Beschäftigten, der Stadt und des Freistaates 2001;
- Elektrische Lokomotiven in Dessau;
- Diesellokomotiven in Bremen und Cottbus;
- Güterwagen in Eberswalde und Paderborn;
- Aufbereitung von Bremskomponenten in Fulda.

Dass sich mit den wenigen Werken die Kosten des Transports der Fahrzeuge zum und vom Werk erhöhten, nahm der Vorstand in Kauf. Dafür entsorgte er sich von den scheinbaren Verlustbringern:

- dem Werk Neustrelitz – 120 Beschäftigte – ehemals Bahnbetriebswerk Neustrelitz, Abteilung Triebfahrzeugerhaltung, am 1. Februar 2003 an ein Konsortium Ostdeutsches Bahnwerk (Eigentümer: Hugo Stinnes KG und Prignitzer Eisenbahn Holding) verkauft, 70 Mitarbeiter übernommen;
- dem Werk Stendal – 400 Beschäftigte – ehemals Reichsbahnausbesserungswerk Stendal, seit 1. November 2002 Joint Ventures mit ALSTOM-Transport (DB 49 Prozent, ALSTOM 51 Prozent, 162 Mitarbeiter übernommen), im November 2001 verkauft, neuer Name: ALSTOM-Lokomotiven Service GmbH Stendal;
- dem Spezialwerk Gleisbaumechanik Brandenburg – 150 Beschäftigte – verkauft am 1. Januar 2002 an GBM Gleisbaumechanik Brandenburg, Tochtergesellschaft der Spezialtechnik Dresden;
- dem Spezialwerk Stahlbau Dessau – 150 Beschäftigte – am 1. Juli 2001 von Roßlauer Schiffswerft mit 120 Arbeitsplätzen gekauft;
- dem Werk Leipzig Engelsdorf – 300 Beschäftigte – ehemals Reichsbahnausbesserungswerk »Einheit« Leipzig, verkauft am 1. Januar 2002 an Duroc Rail verkauft (151 Mitarbeiter übernommen), neue Bezeichnung: Leipzig Rail Service (LRS);

- dem Werk Delitzsch – 620 Beschäftigte – ehemals Reichsbahnausbesserungswerk »Otto Grotewohl«, soll bis 2005/2006 mit 245 Mitarbeitern erhalten bleiben;
- dem Spezialwerk Fernmeldewerk München-Aubing – 150 Beschäftigte – seit 1. Mai 2001 Fernmeldewerk München-Aubing GmbH;
- dem Werk München Neuaubing – 480 Beschäftigte – ehemals Bundesbahnausbesserungswerk, es blieb die Elektronik-Zentralstelle;
- dem Spezialwerk Fahrzeugbau Halberstadt – 450 Beschäftigte – ehemals Reichsbahnausbesserungswerk Halberstadt, verkauft am 22. Mai 2002 an Unternehmensgruppe Zeppenfeld (mit 300 Arbeitsplätzen), neue Bezeichnung: Verkehrs Industrie Systeme (VIS);
- dem Spezialwerk Forschungs- und Entwicklungswerk Blankenburg – 200 Beschäftigte – sollte am 1. Januar 2003 an GSU Gesellschaft für Sicherheits- und Umwelttechnik Berlin verkauft werden, kam nicht zu Stande, Werk wurde am 1. August 2003 geschlossen;
- dem Spezialwerk Stahlbau Vacha – 20 Beschäftigte – ehemals Bahnbetriebswerk, am 1. Juli 2001 verkauft, neuer Firmenname: sav Stahl- und Anlagenbau Vacha.

Protest der Gewerkschaft TRANSNET gegen die Schließung der Werke am 19. Oktober 2000 auf dem Potsdamer Platz vor der Konzernleitung.

Keil, Föhr (Personalvorstand) und Hünerkoch (Kommunikation) schauen zu.

■ Endlich wieder eine Dampflokomotive im Werk Bremen (Dezember 2002). Da stellt man sich gern zum Gruppenbild auf.

Nicht erwähnt vom Vorstandsbeschluss wurden das ehemalige Eisenwerk Arnstadt, das Bremssohlen herstellt, und das ehemalige Kraftwagen-Ausbesserungswerk Greifswald, die bereits am 1. August 1999 bzw. am 1. März 2000 privatisiert wurden, und auch nicht das Werk Opladen mit 1180 Arbeitsplätzen, das am 1. Januar 2004 nach hundertjährigem Bestehen geschlossen wurde.

Zu »Personalanpassungen«, sprich: Abbau von Arbeitsplätzen, sollte es bis 2005 an folgenden Standorten von Werken kommen: Bremen (572 = Zahl der abzubauenden Beschäftigten) Chemnitz (879, Schließung vorgesehen, 2003 zu kleiner Werkstatt reduziert), Erfurt, Fulda (91), Hannover (150), Krefeld (205), Limburg, Neumünster (53), Wittenberge

■ Ein Wunder ist das Dampflokwerk Meiningen (2002). Es sollte ausgegliedert werden und ist immer noch im Konzern.

(114) und Zwickau (565, Schließung vorgesehen, 2003 zu kleiner Werkstatt reduziert). In zwei Werken wurde die Zahl der Arbeitsplätze erhöht: in Cottbus und in Kassel um 18 bzw. 63. Auch in den übrigen Werken, den ehemaligen Bahnbetriebs- und Bahnbetriebswagenwerken wurde umstationiert, abgebaut und geschlossen.

Kein Hungerstreik wie in Nürnberg, kein Anketten an dem Werktor wie in Opladen und kein »regionales Bündnis« wie in Sachsen konnten helfen. Beschluss war Beschluss. Viele, auch die Werkleiter konnten nicht nachvollziehen, warum gerade ihr Werk auf der Sterbeliste stand. Objektiv gesehen war nach dem Zusammenschluss von Bundes- und Reichsbahn die Kapazität für Reparaturen und Instandhaltung zu groß. Dazu trug auch die fast schlagartige Beschaffung neuer Fahrzeuge bei. Subjektiv gesehen, war die Selektion undurchschaubar. Sahen sich doch die Werke in Delitzsch, Halberstadt, Nürnberg und Opladen in einer gesicherten Zukunft, weil sie wegen ihrer Kreativität stets gelobt, als Test- und Referenzwerke ausgebaut oder, wie in Opladen, noch 30 Millionen Mark investiert worden waren. Keines machte, jedenfalls nach den internen Bilanzen, Minus.

Die Auslese konnte nur willkürlich sein. Der Delitzscher Werkleiter Stiller fühlte sich von den Werkleitern in Neumünster und Wittenberge hintergangen. Die Werke mit gleichem Produktionsprofil gehörten zu einer Art Erzeugnisgruppenverband. Einer der Werkleiter bestimmte. Bei den Werken der Reisezugwagen war es der von Neumünster. Als es darum ging, ein Werk zu opfern, konnte es nur das sein, das weitab lag. Das war nicht Wittenberge, aber Delitzsch.

Der Staatsbetrieb wollte nicht schlagartig zur Erhöhung der Arbeitslosigkeit beitragen und versuchte seine aufgebrachten Mitarbeiter zu beruhigen. Mit nebulösen Versprechungen, die – ausgerechnet – die Autoindustrie einlösen sollte. Pressetext vom 19. Juli 2001: *»Die Unternehmen haben erheblichen Personalbedarf. Eine Kooperation eröffnet konkret Chancen für Mitarbeiter: des Werkes Nürnberg bei der Audi AG in Ingolstadt, des Werkes Opladen bei Ford und Lufthansa City Line in Köln, der Werke Leipzig-Engelsdorf und Delitzsch bei BMW in Leipzig und der Werke Chemnitz und Zwickau bei VW Sachsen.«* Besser konnte man nicht illustrieren, welchen Wert die Eisenbahn hat. Doch schnell stellte sich heraus, was diese Chancen wert waren. Für das BMW-Werk in Leipzig gab es noch nicht einmal den ersten Spatenstich. BMW dementierte auch umgehend, nichts sei abgesprochen. Ein Polsterer, der sich sofort bei BMW beworben hatte, erhielt die Antwort, er möge sich doch anderswo umsehen. Weil auch die Politiker um ihr Wahlvolk buhlten, wurde verhandelt und versprochen. Die Werkschließungen zogen sich über Jahre hin.

2. Possen im Personenverkehr

Will man über Possen, Kuriositäten und Missstände im Personenverkehr der Deutschen Bahn schreiben, kommt man nicht an dem am 15. Dezember 2002 eingeführten Preissystem vorbei. Mit ihm sind Namen, wie die des Hans-Gustav Koch[1], Vorstand Marketing und Vertrieb, und Anna Brunotte, Leiterin Preis- und Erlösmanagement, verbunden.

Das Preissystem rangierte unter dem Kürzel PEP. Das sollte »Preis- und Erlösmanagement Personenverkehr« heißen und deutet bereits an, dass es nicht um eine grundlegende Verbilligung des Eisenbahnreisens ging, sondern um mehr Umsatz und größere Erlöse. Billiger sollte es in vielen Einzelfällen werden, insgesamt aber sollte sich durch einen Zuwachs von Kunden das Gesamtergebnis erhöhen.

War es vielleicht so?

Ein Sommertag im Jahr 2001 in Frankfurt am Main. Bahnchef Mehdorn ist von seinem Büro, Potsdamer Platz 2 in Berlin, in das Zweitbüro des hässlichen Büroturms der Deutschen Bahn, in der Stephensonstraße 1, gewechselt. Hier ist der Sitz des Unternehmensbereichs Reise & Touristik. Aus diesem versammeln sich eine Frau und einige Herren in Mehdorns Büro: Dr. Christoph Franz[2], Hans-Gustav Koch, Anna Brunotte und ein unbekannt gebliebener Mitarbeiter, den wir X nennen.

Mehdorn: *»Warum wir hier sind, wissen Sie ja. Die Kritik an dem Fahrpreischaos muss ein Ende finden. Die Zahlen des ICE-Verkehrs sind auch nicht berauschend. Die Einnahmen im Fernverkehr sacken ab.«*

Franz: *»Ich hatte Ihnen, Herr Mehdorn, ja schon einmal meine Gedanken dargelegt. Die Fahrpreise sind viel zu niedrig, nur in der öffentlichen Wahrnehmung sind sie hoch. Dort müssen wir ansetzen! 50 Prozent Rabatt für Bahn-Card-Benutzer, das ist doch ein Witz! Was ich über die Fahrpreise und Tarife höre, ist mir alles so fremd, so anders als bei der Lufthansa. Manche sagen, die Fahrpreise seien ein Dschungel. Wir könnten damit Schluss machen. Ich habe gleich, als ich im Fernverkehr antrat, Aufträge gegeben.«*

Brunotte: *»Den Dschungel werde wir mit der Machete lichten.«*

---

1 seit 1. Januar 2000 bei der Deutschen Bahn, vorher Lufthansa

2 seit 1. Oktober 1999 Vorstandsvorsitzender der AG Reise & Touristik, Nachfolger von Dr. Axel Nawrocki

■ ICE 3 auf der Neubaustrecke bei Montabaur (2002). Die Deutsche Bahn hatte sich von der neuen Verbindung mehr Zuspruch versprochen, der Reisende auch mehr Reisezeitgewinn. Foto: DB/Warter

Mehdorn: *»Der Fahrpreis muss die Nachfrage steuern. Freitags, wenn es in den Zügen voll wird, muss er am teuersten sein. Unter der Woche können wir ja mit dem Preis runtergehen.«*

X: *»Ich erlaube mir aufmerksam zu machen, dass viele deshalb nicht Bahn fahren, weil sie ihnen zu teuer ist. Über Verteuerungen sollten wir nicht einmal nachdenken.«*

Mehdorn: *»Das ist doch Quatsch! Was teuer ist, ist auch gut. Franz, Koch, denken Sie mal nach, was bei der Lufthansa gemacht wird. Da gibt's doch auch keine Einheitspreise! Da zahlt der, der zuletzt kommt, und der, der unbedingt im vollen Flieger mit muss, das meiste.«*

Franz: *»Ja, so habe ich es auch gedacht. Wir müssen aus den ausgetreten Pfaden des total überholten Preissystems heraus. Wir werden neue Kundensegmente erreichen. Eine intelligente Angebotssteuerung wird dafür sorgen, dass unsere Kunden mehr Komfort erleben als heute. Ich lasse mir die Grundsätze von früher nicht einreden. Wir schaffen ein variables Preissystem, bei dem der Kunde denkt, es sei alles billiger geworden. Wir nehmen aber mehr ein von denen, die denken, man könne zu jeder Zeit losfahren.«*

X: *»Das war ja auch immer der Vorteil der Eisenbahn. Hingehen und einfach losfahren, fast wie beim Auto! Das wollen Sie abschaffen?«*

Franz: *»So redet ein Alt-Eisenbahner. Wir schaffen die Freizügigkeit doch nicht ab; sie wird nur teurer als das lange vorher geplante Reisen. Ich kann mir nicht vorstellen, dass es so viele Spontanfahrer gibt. Weiß man nicht lange vorher, wann die Reise zur Schwiegermutter fällig ist?«*

X: *»Haben Sie an die Wochenendpendler gedacht, die am Freitag immer nur einen bestimmten Zug benutzen können? Die sollen jetzt 50 Prozent mehr bezahlen?«*

Brunotte (lächelt): *»Wo es Gewinner gibt, gibt's auch Verlierer!«*

Mehdorn: *»Schluss mit dem Geplapper, jetzt mal los!«*

Koch: *»Wir definieren das Preissystem neu. Der Grundpreis unterscheidet nur den Zugtyp, ICE oder Intercity oder Nahverkehr. Bis 180 km machen wir ihn etwas teurer, erst dann sinkt er. Dann gibt's drei Sonderpreise mit 10, 25 und 40 Prozent Rabatt, je nachdem, wie zeitig man den Fahrschein kauft, mindestens ein, drei oder sieben Tage vor dem Reiseantritt. Wir nennen das Zugbindung.«*

Mehdorn: *»Damit werden volle Züge nicht leerer.«*

Koch: *»Doch, Herr Mehdorn, wir beschränken diese Sonderpreise. Wer zu spät kommt, hat eben Pech gehabt und muss zum Grundpreis fahren. Das schreckt bestimmt einige ab und verteilt die Fahrgäste auf andere, freie Kapazitäten.«*

Mehdorn: *»Schreckt ab? Wir wollen doch mehr und nicht weniger Leute in den Zügen!«*

Brunotte: *»Wir dürfen die Kontingentierung nicht so offensichtlich machen. Jeder soll denken, er fährt jetzt viel billiger. Die spontanen Dienstreisenden holen sich doch ohnehin ihr Fahrgeld von der Firma zurück.«*

Franz: *»Genial. Wir dürfen nicht müde werden, allen zu erklären: Jeder kann losfahren, wann er will. Und dann spielen wir noch die billiger gewordene Bahn-Card hoch, nennen sie ›Schlüssel zum neuen System‹. Wir geben mit der Bahn-Card aber nur noch 25 Prozent Ermäßigung auf den Grundpreis.«*

X: *»Ganz Deutschland für die Hälfte, hieß es, als die Bahn-Card eingeführt wurde. Ich habe ein mulmiges Gefühl. Jugendliche und Senioren, das sind doch die Bahnfahrer! Die haben noch kein Auto oder fahren keines mehr. Für die wird die Bahn-Card nicht billiger.«*

Mehdorn (stöhnt): *»Ich kann dieses defätistische Gerede nicht mehr hören.«*

Koch: *»Wir müssen auch die Familien- und Mitfahrerermäßigungen hochspielen. Das bringt ja auch Geld in die Kassen, ohne dass wir extra etwas dafür tun müssen.«*

X: *»Ich habe noch eine Frage. Wir sind ja alle vom Fernverkehr. Spielt denn Regio mit?«*

Zur Verabschiedung des Nachtzuges nach Paris in Berlin am 1. Juni 2000 lachte Christoph Franz (rechts) noch aus ganzem Herzen.

Koch: *»Die Sonderpreise gelten auch im Vor- und Nachlauf mit Nahverkehrszügen. Wer nur Nahverkehr fährt, muss den Grundpreis bezahlen.«*

X: *»Für die verteuert sich die Bahnfahrt um 50 Prozent. Das können Sie doch nicht machen!«*

Mehdorn telefoniert, Franz und Koch sind still, denken vielleicht nach. Dann Franz: *»Wir sagen einfach, die Bahn-Card wurde nie für den Nahverkehr geschaffen. Da fühlen die sich noch belohnt. Das muss auch der Meyer [Pressesprecher Reise & Touristik – E. P.] so verbreiten.«*

X: *»Ich kann mich nicht des Eindrucks erwehren, hier wird ein Ding von der Lufthansa hochgezogen, das draußen nicht ankommt, nicht bei den Eisenbahnern und auch nicht bei den Reisenden.«*

Mehdorn: *»Jetzt langt's mir aber. Typisch deutsch, alles wird zerredet. Gehen Sie, ich kann Sie nicht mehr sehen.«*

X verlässt den Raum, Koch und Brunotte grinsen sich an, Franz rafft seine Unterlagen. Mehdorn: *»So was habe ich noch nicht erlebt. Dass einer dauernd widerspricht. Wir führen die neuen Preise zum Fahrplanwechsel am 15. Dezember im nächsten Jahr ein. Ganz großes Brimborium! Das muss einschlagen!«*

Die Kunden waren anderer Meinung

So oder so ähnlich wie in diesem fiktiven Dialog mag der »Gedankenaustausch« in der Vorstandsetage gewesen sein. Auf Zweifler wurde nie gehört. Selbst wenn das neue Fahrpreissystem objektiv – für die Bahn – nützlich war, die Kundschaft dachte anders. Das zeigte sich in den nächsten Wochen und Monaten. Nicht nur das Fahrpreissystem versagte, auch das Marketing stieß an seine Grenzen.

Am 4. Juli 2002 wurden in Berlin im Restaurant Luther und Wegner die ersten Journalisten empfangen und bei gutem Essen auf das Ereignis eingestimmt. Bereits beim Rotwein machte sich Skepsis breit. Am nächsten Tag, im Hotel Hilton, konnten Mehdorn, Koch und Brunotte zwar das neue Preissystem erläutern, konkrete Preisbeispiele blieben sie schuldig. Auf Nachfrage der Journalisten sagte Koch: *»Viele Details sind noch in der Ausarbeitung. Für mehr als 20 Millionen Verbindungen müssen die Preise berechnet werden. Das ist eine noch die da gewesene Aufgabe.«*

Zu dieser Zeit hatte die Deutsche Bahn dem Fahrgastverband PRO BAHN bereits die Freundschaft gekündigt, die Verbandsvertreter von der weiteren Mitarbeit ausgeschlossen. Die Mitarbeiter der Deutschen Bahn in den oberen Etagen wollten keine Anregungen für Verbesserungen hören, sondern brauchten wie ihr oberster Chef unkritische Abnicker. Die Deutsche Bahn sagte, es habe einen »Vertrauensbruch« gegeben, belegte ihn aber nicht. PRO BAHN hatte sich an die vereinbarte Vertraulichkeit gehalten, aber immer wieder nach der *»Praxistauglichkeit des Systems«* gefragt.

In einer Diskussionsrunde des Fernsehsenders 3sat blieb Benedikt Weibel, Generaldirektor der Schweizerischen Bundesbahnen, skeptisch. *»Bei uns fährt alle halbe Stunde ein Zug von Zürich nach Bern. Es ist ganz undenkbar, dass sich jemand vorschreiben lässt, mit welchem Zug er zu fahren hat.«*

Derartige Zweifel hätten bei Mehdorn, Franz und Koch einen Signalton auslösen müssen. Zwar gab es Zeitungen *(Die ZEIT, Handelsblatt)*, die den »Quantensprung« wohlwollend beurteilten. Die jedoch, die das System argwöhnisch kommentierten *(Frankfurter Rundschau, Süddeutsche Zeitung)* oder ablehnten *(Neues Deutschland:* »Wiedereinführung der Planwirtschaft«), wurden als übliche Meckerer hingestellt. Professor Helmut Holzapfel in der *Frankfurter Rundschau: »Mag man diesen Verlust [die Flexibilität – E. P.] beim Flugverkehr akzeptieren, ist das im Alltag der Bahn kaum vorstellbar. Die Nutzung eines früheren Zuges (wenn eine Besprechung mal eher zu Ende geht) oder des späteren ist eine Qualität, die häufig in Anspruch genommen wird. [...] Für den richtigen Ansatz Züge auch zu schwachen Zeiten auszulasten, gibt es jedenfalls vernünftigere Methoden.«*

Begeistert zeigte sich der Verkehrsclub Deutschland (VCD) bis kurz vor dem Abbruch des Fahrpreissystems. Selbst als im Frühjahr 2003 ein DB-Eisenbahner zu dessen Vorsitzenden Stefan Kohte sagte, er glaube, das Preissystem sei gescheitert, antwortete der: *»Das sehen wir nicht so.«* Die Kritik von PRO BAHN, eigentlich ein Verbündeter der Deutschen Bahn, wurde mit Stimmungsmache zur Eigenprofilierung abgetan. Zu den von PRO BAHN genannten Beispielen, wie das Fahrpreissystem die Reisen mit der Eisenbahn komplizierter und teurer gemacht habe, wurde entgegnet, die Beispiele seien aus dem Gesamtzusammenhang gerissen. Keiner von der Deutschen Bahn ging auf solche Vorhaltungen sachlich ein. Dieter Hünerkoch, Bereichsleiter Kommunikation, glaubte, seinem Unternehmen einen guten Dienst zu erweisen, indem er gegen den Vorsitzenden Karl-Peter Naumann einen Prozess veranlasste. PRO BAHN sollte nicht mehr behaupten, jeder Zweite zahle für seine Fahrkarte zu viel. Hünerkochs Idee war es, den weniger bedeutenden Deutschen Bahnkunden-Verband gegen PRO BAHN auszuspielen.[3] Unwirsch reagierten Hünerkoch und der Konzernsprecher Dirk Große-Leege (am 1. September 2002 zu Volkswagen abgewandert) auf die sachlich begründete Auflistung von Mängeln der Initiative »Bürgerbahn statt Börsenbahn« am 24. Juli 2001: *»Die Deutsche Bahn ist nicht bereit, sich mit einem solchen bösartigen Pamphlet auseinander zu setzen. [...] Es bleibt dabei: Bahnfahren wird insgesamt nicht teurer, sondern für Millionen Menschen so günstig wie nie.«* Mehdorn soll noch gesagt haben: *»Da leiden offensichtlich ein paar Leute unter Profilneurose, die wollen wir nicht auch noch fördern. Wir haben das Papier wegen zahlreicher Falschbehauptungen unseren Rechtsanwälten übergeben.«*

20.000 Eisenbahner wurden geschult, »Optimismus prägt die Stimmung am Schalter«, und der Vorstand »intensivierte den Dialog an der Basis« bei so genannten Kompetenztreffs, behauptete die »Bahnzeit« im Dezember 2001. Da konnte eigentlich nichts mehr schief gehen. Am 9. Oktober 2002 wurde das Preissystem vollständig vorgestellt. Nun kam es erst recht zu vielen Fragen. Was ist mit der Zugbindung, wenn mein »gebuchter« Zug Verspätung hat? Was ist, wenn die Straßenbahn sich verspätet? Zufriedenstellende Antworten, gar Hinweise auf die Kulanz gab es nicht. Stattdessen die Erhöhung der Umtauschgebühr auf 45 Euro sowie die Umwandlung von Interregios in Intercitys und Intercitys in Inter-

3 Der Bedeutungsunterschied wird schon durch die Mitgliederzahlen deutlich. Der DBV lädt zu den Jahresversammlungen sämtliche Mitglieder ein; PRO BAHN muss sich auf Delegierte beschränken.

city-Express und erhöhte Zuschläge zu Monatskarten, was die bisherigen Fahrpreise zusätzlich verteuerte.

Gerade die Umtauschgebühr sprengte jedes Maß und wurde auch zum ständigen Kritikpunkt. Zum Beispiel kostete eine Fahrt Berlin–München mit der neuen Bahn-Card und dem Plan-und-Spar-Tarif für die Hin- und Rückfahrt 99 Euro. Verspätete sich vor der Rückfahrt in München die U-Bahn und der Zug wurde nicht erreicht, waren 33 Euro Aufzahlung (Normaltarif Bahn-Card 82,50 Euro abzüglich gezahlter 49,50 Euro), aber zusätzlich 45 Euro Stornogebühr fällig. Zusammen also 78 Euro – eine neue Fahrkarte hätte 82,50 Euro gekostet.

Preise aus dem Schubkasten

Pro Bahn kreidete der Deutschen Bahn besonders das Chaos der Grundpreise an und erklärte auch, wie es entstand. Die Datenverarbeitung, KURS 90[4] genannt, wurde in den 80er-Jahren für ein einfaches Tarifsystem entwickelt, das dann aber ständig komplizierter wurde. Doch die Hardware des Datenverarbeitungssystems blieb dieselbe, an der Software wurde immer wieder geflickt. Was die Sache noch verschlimmerte: Das Preissystem entsprach dem Schubkastendenken der Deutschen Bahn. PEP war ein Kind des Unternehmensbereichs Reise & Touristik, also des Fernverkehrs der DB. Die Reisenden fahren aber, ohne sich um die interne Struktur zu kümmern, auch im Nahverkehr und mussten anders strukturierte Preissysteme in Kauf nehmen, und zwar von DB-Regio, von den Verkehrsverbünden (kaum Anerkennung der Bahn-Card), beim Metropolitan (sehr eingeschränkte Anerkennung der Bahn-Card, bei DB-AutoZug und CityNightLine (Anerkennung gegen Aufpreis), bei der Usedomer Bäderbahn (teilweise Anerkennung im Übergangsverkehr), bei den DB-Busunternehmen (Anerkennung, wenn durchgehende Fahrkarten ausgegeben werden) und bei der Bayerischen Oberlandbahn (teilweise Anerkennung). Und das, obwohl fast all diese Unternehmen hundertprozentige Tochtergesellschaften der Deutschen Bahn sind.

Für eine Strecke gelten drei Normalpreise, die sich in drei Gruppen (Produkte A bis C) aufspalten: ICE, IC, IR (Normalpreis wie Nahverkehr, aber Sonderangebote nicht gültig, Plan & Spar verfügbar), Nahverkehr (Plan & Spar nicht verfügbar). Die Normalpreise werden bei einem Wechsel vom ICE in andere Züge entsprechend der befahrenen Abschnitte zusammengezählt und führen zu einem Normalpreis-Chaos. Für die Verbindung Bonn Hbf–Kassel-Wilhelmshöhe nannte das Softwaresystem [11] die Fahrpreise 41,60, 44,40, 58, 70,80 und 77,20 Euro, je nachdem, mit welchen Zügen man fuhr. Jede Stunde kann man von Düsseldorf nach Paderborn fahren, bezahlt aber einmal 24,80 Euro, das andere Mal 29,80 Euro oder gar 33,40 Euro. Die Unterschiede sind begründet, wenn man unterschiedliche Produkte benutzt. Der Fahrgast empfand sie aber als skurril, weil das System ihm ungewollt zu Umwegen oder teuren Zügen zwang. Der »Reiseberater« im Reisezentrum war mitunter überfordert und es auch leid, die billigsten Verbindungen herauszusuchen.

4 KURS 90 = Kundenfreundliches Reservierungs- und Informationssystem der 90er-Jahre, 2004 von NVS, dem Neuen Vertriebssystem, abgelöst

Das vom 15. Dezember 2002 an geltende Rabattsystem war vom System der Normalpreise abgeleitet und bestand aus drei Komponenten: dem Bahncard-, Mitfahrer-, Plan- und-Spar- sowie dem Gruppe-und-Spar-Rabatt. Sämtliche Rabatte unterlagen Einschränkungen, anders als die Deutsche Bahn für sie warb. Obwohl nur noch 25 Prozent Bahn-Card-Rabatt gewährt wurden, musste nun bei Benutzung der ICE-Sprinter (nicht beim IRE-Sprinter, der beispielsweise von Ulm nach Friedrichshafen fährt) ein Aufpreis gezahlt werden. Wer die an den Rabatt gebundenen Bedingungen einhielt (Fahrschein Tage vorher gelöst, dazwischen liegendes Wochenende) und nun an bestimmte Züge gebunden war, hatte sich noch keinen Platz reserviert. Die Reservierung war nämlich nicht im Preis enthalten.

Sehr schnell wurden nach dem 15. Dezember 2002 die Nachteile des Fahrpreissystems deutlich, durch Warteschlangen in den Reisezentren, wo die »günstigen Züge« gesucht werden mussten, Streit mit Reisenden, deren rabattierte Fahrkarten nicht anerkannt wurden, weil sie durch Verspätung versehentlich in einen falschen Zug gestiegen waren. Wer sollte vom Bahnsteig aus unterscheiden, ob das nun der planmäßige Intercity oder der bereits vor einer Stunde fällige war? Die gerühmten Vorteile hielten sich in Grenzen. Es nützte nichts, dass die Service-Points für den Fall von Verspätungen Aufkleber mit neuen erlaubten Verbindungen bereit hielten. Wer wusste davon, und wer wollte sich beim Umsteige-Stress dort anstellen?

Die Bürger strömten keineswegs in die Züge. Viele holten sich bis zum 14. Dezember 2002 noch die alte Bahn-Card, die weiter 50 Prozent Rabatt gewährte. Vom 1. November bis 14. Dezember soll die alte Bahn-Card (obwohl die vorher gekaufte noch nicht abgelaufen war) 120.000 Mal gekauft worden sein, die neue bis Anfang Januar 190.000 Mal.

Das System der Fahrpreise blieb undurchschaubar. Der Normalpreis wurde so berechnet:

Für ICE-Strecken galt ein Relationstarif (Relationsmatrix).

Für den Intercity galt ein Kilometertarif.

Für die übrigen Züge galt ein weiterer Kilometertarif.

Alle Tarife waren degressiv gestaltet – sinkende Preise bei steigender Entfernung.

In den Kilometertarifen für Intercity und die übrigen Züge blieben die schon bei der Deutschen Bundesbahn eingeführten »Raumbegrenzungen« erhalten, die eine gewisse Freizü-

Auch Faustregeln wie diese konnten die Kunden nicht von dem neuen Tarifsystem überzeugen (»Vierte Faustregel« aus der Broschüre »5 Faustregeln für günstiges Bahnfahren. Im Fernverkehr«).

gigkeit erlauben, aber auch zu Ungerechtigkeiten beim Preis führen, da nicht immer der tatsächlich befahrene Weg berechnet wird.

Bestand eine Verbindung aus Zügen des Intercitys und den übrigen Zügen, so wurde nur der höhere Intercity-Fahrpreis angewendet.

Bestand eine Verbindung aus ICE und anderen Zügen, so wurde dem Relationspreis der ICE-Verbindung ein Kilometerpreis für die Anschlussstrecken hinzugerechnet. Angewendet wurde ein einheitlicher Kilometertarif für die Benutzung von Intercity und anderen Zügen. Die Änderungen gegenüber dem bisherigen Tarif waren:

Der lineare Intercity-Zuschlag wurde durch einen entfernungsabhängigen Zuschlag ersetzt, der im Preis eingerechnet ist. Daher galten auch für diesen Zuschlag alle Rabatte. Die Kilometertarif-Tabellen waren degressiv aufgebaut. Die Höhe des Preises für die Anschlussstrecke war nicht linear, sondern degressiv. Der Wechsel der Zuggattung benachteiligte den Fahrgast nicht. Alles andere blieb wie bisher, auch mit folgenden Problemen:

Für Umwegfahrten, die der Fahrplan erzwang und bei denen der ICE benutzt werden musste, wurden überproportional hohe Preise berechnet, weil der Brechpunkt für die Berechnung jener Bahnhof war, in dem vom ICE auf andere Züge umgestiegen wurde. Jede Umstellung von Intercity auf ICE verschärfte dieses Problem.

Wieder keine Reform

Die Entwicklung der Raumbegrenzungen schien auf dem Stand geblieben zu sein, als Deutsche Bundesbahn und Deutsche Reichsbahn zusammengeführt wurden. Wegen der in beiden Netzen unterschiedlichen Kilometerpreise galt die innerdeutsche Grenze weiter als Brechpunkt für die Tarifberechnung. Während es in Westdeutschland bei den alten, teilweise sehr großzügigen Raumbegrenzungen blieb (beispielsweise konnte man mit einer Fahrkarte Hamburg–München und Intercity-Zuschlag, die über Kassel–Würzburg ausgestellt war, ohne Aufschlag auch über Düsseldorf–Koblenz–Stuttgart fahren), blieb über die innerdeutsche Grenze vielfach eine sehr kleinliche Wegevorschrift, die mit dem üblichen Zuglauf häufig nicht übereinstimmte.

Nur bei reinen ICE-Verbindungen konnte der Tarif die Ansprüche erfüllen, die sich die Deutsche Bahn gestellt hatte: den jeweiligen Marktverhältnissen oder der angebotenen Zugqualität Rechnung zu tragen. Die Ausgabe ermäßigter Fahrkarten für »Plan & Spar« wurde ständig der Nachfrage und der Kapazität angepasst.

Doch für eine grundlegende Veränderung bzw. Vereinfachung des Fahrpreissystems fehlte der Mut, fehlten vielleicht inzwischen auch die in den Vorruhestand verabschiedeten Fachleute, befürchtete man auch Verluste an Einnahmen. Übrigens schimpften über die neuen Fahrpreise auch viele derjenigen, die gar nicht beabsichtigten, mit der Deutschen Bahn zu fahren. Nach einer Umfrage des Verkehrsclubs Deutschland von 2000 war fast die Hälfte der Deutschen seit einem Jahr nicht mit der Bahn verreist. Für über 35 Prozent (30 Millionen Menschen) kam die Bahn als Verkehrsmittel nicht in Frage. Die sei zu teuer, die Reiseziele seien zu schlecht zu erreichen, die Reise dauere zu lange. Auch wenn in solchen Antworten viele Vorurteile schlummern, das neue Preissystem trug nicht dazu bei,

»Bahnhasser« in die Züge zu locken. Auch nicht die unkorrekte Werbung, die zum Beispiel plakatieren ließ, von Köln nach Frankfurt (Main) und zurück könne man für 35 Euro reisen. Tatsächlich kostete die Fahrkarte 102 Euro.

Während einerseits insbesondere der Marketingchef des Personenverkehrs, Koch, strikt jede Modifizierung des verfehlten Fahrpreissystems ablehnte, zeichnete sich nach wenigen Wochen bereits ab, dass es zu einer grundlegenden Veränderung, sogar zu einer Rücknahme kommen würde. Am 30. Januar 2003 sollte in Frankfurt am Main PEP mit 500 Mitarbeitern gefeiert werden. Alles war organisiert, da kam am Tag zuvor die Absage. Über Intranet teilten Anna Brunotte und Christoph Franz den Eingeladenen mit: *»Liebes PEP-Team! Wir alle haben uns sehr auf die Abschlussveranstaltung mit Ihnen gefreut. Leider müssen wir aber die morgige PEP-Veranstaltung absagen. Grund sind wichtige, kurzfristige Termine von Herrn Mehdorn und mir, die für das Geschäft unseres Unternehmens äußerst wichtig sind. Ich bitte Sie daher zu verstehen, das wir die morgige Veranstaltung nicht durchführen können – denn sowohl Herr Mehdorn als auch ich wollen unbedingt persönlich dabei sein, um uns bei Ihnen für Ihr großes Engagement zu bedanken. Für uns beide ist es wichtig, dass Sie das wissen und verstehen. Ich versichere Ihnen deshalb, wir werden die Abschlussveranstaltung möglichst zeitnah nachholen.«*

Nichts wurde »zeitnah« nachgeholt. Auch das von Brunotte gestaltete PEP-Liederbuch wurde nicht ausgegeben. Daraus sollten die Teilnehmer zum Beispiel nach der Melodie »Tausendmal probiert« singen: *»Wir kennen die Bahn, die üblichen Gleise/Wir wissen, dass hier nicht viel bewegt werden kann/Doch gibt's da ein Team, das macht neue Preise/Und fängt jetzt ganz frech was völlig Neues an«* und so weiter.

Nein, in der DB-Zentrale braute sich ein Gewitter zusammen. Bundesverkehrsminister Stolpe meinte, wenn auch diplomatisch formuliert, das Preissystem müsse verändert werden. Das neue Fahrpreissystem hatte der Deutschen Bahn den Erfolg versagt, sodass Mehdorn am 21. Mai 2003 recht unbestimmt bemerkte: *»Die Kunden werden entscheiden, wie sich das Preissystem entwickelt.«* Koch blieb hart, PEP sollte einen positiven Eindruck vermitteln:

- Werbung im Herbst 2002 »Bahnfahren wird für Millionen billiger«
- Mehdorn vom 1. September 2002 *»Wir wollen mehr Kunden auf die Schiene holen und dabei auch unsere Züge gleichmäßiger auslasten.«*
- Mehdorn vom 13. Dezember 2002 *»Wir können es als Massenverkehrsmittel nicht allen recht machen.«*
- Mehdorn vom 24. Februar 2003 *»Es gibt unglaublich viele Kunden, die mir sagen, wie gut sie das System finden.«*
- Mehdorn vom 31. März *»Das neue Preissystem musste sein. [...] Nach einem Jahr werden wir es auf den Prüfstand stellen.«* [14]

Mit dem Preissystem in der Sackgasse

Ihren Prüfstand stellte die Bahn nicht erst nach einem Jahr auf. Auslöser der überhasteten Kehrtwende war auch nicht das Verbraucherschutzministerium, das von Mehdorn abgekanzelt wurde: *»Frau Künast kriegt sonst nicht viel auf die Reihe, kann sich aber des Beifalls sicher* *sein, wenn sie einfach mal populistisch halbe Ticketpreise fordert.«* Auch auf den Bundesverkehrsminister Manfred Stolpe gab er nicht viel, als der am 2. März 2003 lobte, *»Bahnchef Mehdorn und seine Leute sind da einen ziemlich beherzten Schritt gegangen«* und schon am 20. Mai feststellte: *»Die Bahn hat sich mit ihren Preissystem vergaloppiert.«* Wütend wurde Mehdorn, als er sich im von ihm ohnehin ungeliebten Verkehrsausschuss des Bundestages Kritisches sagen und auffordern lassen musste, das Preissystem zurückzunehmen. Deswegen saßen am 31. März 2003 auch einige vom Parteivorstand Bündnis 90/Die Grünen bei ihm im Bahn-Tower. Just zu dieser späten Stunde kamen der Bundeskanzler und Frank-Walter Steinmeier vom Bundeskanzleramt vorbei, um dem »lieben Hartmut« ein paar Takte zu sagen. Schröder redete auf ihn ein, zwar wolle er sich nicht in sein Geschäft einmischen, er solle es aber nicht zu weit treiben. Der Ärger des Volkes dampfe bereits bis in die Regierung.

Auch Michael Frenzel, der Aufsichtsratsvorsitzende, konnte Mehdorn nicht umstimmen. Ein paar Wochen später war es aber dann Frenzels Aufgabe, die beiden Fernverkehrs-Vorstände zu entlassen. Am Abend des 19. Mai 2003 holte er das Präsidium des Aufsichtsrates zusammen: Norbert Hansen, Gewerkschaft Transnet, Günter Kirchheim, Betriebsratsvorsitzender im Konzern, Ralf Nagel, Staatssekretär im Bundesverkehrsministerium. Keiner hatte etwas gegen diesen Schritt. In der Aufsichtsratssitzung des nächsten Tages las Frenzel vom Blatt, Franz und Koch hätten gebeten, von ihren Aufgaben entbunden zu werden. Mehdorns Vertrag als Vorstandsvorsitzender der Deutschen Bahn, der noch nicht einmal abgelaufen war, wurde aufgehoben und um weitere fünf Jahre verlängert. Das war eine Überraschung!

In einer Erklärung vom 20. Mai 2003 teilte die Deutsche Bahn mit: *»Diese Maßnahme erfolgte auf Grund unterschiedlicher Auffassungen, wie den konjunkturell bedingten Schwierigkeiten und der mangelnden Akzeptanz einzelner Elemente des neuen Preissystems im Personenfernverkehr begegnet werden soll.«*

Koch arbeitete danach als Personalberater, Frau Brunotte als Unternehmensberaterin. Franz eilte nicht zum Arbeitsamt, sondern wartete mit einer schönen Abfindung auf die Anfragen von Headhuntern, die ihn im Mai 2004 zur Schweizer Fluggesellschaft Swiss vermittelten. Deren Verwaltungsrat wählte ihn *»auf Grund seiner Leistungen als Manager in verschiedenen Bereichen des Transportwesens am Boden und in der Luft sowie seiner Turn-around-Kenntnisse«* zum Geschäftsführer. Seit Mai 2004 arbeitete er sich dort ein, am 1. Juli trat er die Funktion offiziell an. Die Schweizer Tageszeitungen berichteten genüsslich über seinen erfolglosen Versuch, die Airline-Erfahrungen ins Bahngeschäft einzubringen.

Am 2. Juli 2003 segnete der Aufsichtsrat das neue, eigentlich alte Preissystem ab, das nun als Verbesserung des am 15. Dezember 2002 eingeführten bezeichnet wurde. Der neue Vorstand Personenverkehr (die Unternehmensbereiche Reise & Touristik sowie Regio waren qua Personalunion wieder vereinigt, ergänzt von dem neuen

■ Nicht Ticket, nicht Fahrschein, es heißt seit 15. Dezember 2002 wieder Fahrkarte, auch auf dem Freifahrtschein.

Geschäftsfeld Stadtverkehr seit 1. Januar 2003), Dr. Karl-Friedrich Rausch, präsentierte die neue Losung »Einfach fahren, einfach sparen« und begründete die Umkehr mit den Akzeptanzproblemen vieler Kunden. *»Die Gründe dafür sind unter anderem die Abschaffung der Bahn-Card 50, die zu unterschiedlichen Konditionen bei den Plan-und-Spar-Preisen und die Kombinierbarkeit von Bahn-Card mit anderen Rabatten.«*

Nun wurden zum 1. August 2003 eine »Bahn-Card-Familie« (mit 25, 50 und 100 Prozent Rabatt – letztere ist die ehemalige Netzkarte) und Sparpreise mit 25 und 50 Prozent Rabatt eingeführt. Nur die Sparpreise werden über Kontingente mit Bindung an bestimmte Züge ausgegeben; mit der Bahn-Card wurde die vor dem 15. Dezember 2002 bestehende und geschätzte Freizügigkeit des Bahnfahrens zum Halbpreis – auch im Nahverkehr – wieder möglich.

Die am 15. Dezember 2002 eingeführte Unternehmensbekleidung wurde noch ziviler. Zugbegleiter tragen am Ärmel drei goldene Streifen, Servicekräfte nur zwei.

Die Deutsche Bahn hatte sich mit ihren Fahrgästen versöhnt. Dass das Fahrpreissystem von Koch und Brunotte nichts getaugt habe, hatten jetzt auch die schon immer gewusst, die es vorher eifrig verteidigt hatten, wie der Pressesprecher Personenverkehr. Selbst Mehdorn fand eine klare Sprache auf der Pressekonferenz am 2. Juli 2003: *»Wir haben verstanden, dass vielen Kunden die Kombinierbarkeit von Bahn-Card und Rabatten ganz offensichtlich zu kompliziert erscheint.«* Auch bei der neuen Bahn-Card 50 sollte es auf langen Strecken bei den gesenkten Normalpreisen bleiben. *»Ich will nicht verschweigen, dass das eine wirtschaftlich nicht leichte Entscheidung war. Aber wir haben uns im Interesse der Einfachheit und damit im Interesse unserer Kunden dafür entschieden, selbst auf deutlich abgesenkte Preise einen Bahn-Card-Rabatt von 50 Prozent zu ermöglichen. Und das bei voller Flexibilität.«*

Auf die Fragen der Journalisten, ob er nicht auch Verantwortung an dem vermurksten Fahrpreissystem trage und abtreten sollte, erwiderte er nur knapp: *»Man hat mir diese Frage nicht gestellt.«*

Weiter Veränderungen

Der aufregende 15. Dezember 2002 brachte nicht nur das berüchtigte Fahrpreissystem. An diesem Tag wurde aus dem Fahrschein wieder die Fahrkarte. Der Fahrplanwechsel an einem bis dahin unüblichen, aber von den europäischen Eisenbahnen so gewollten Termin war auch der offizielle Termin für die Inbetriebnahme der Hochgeschwindigkeitsstrecke Köln–Rhein/Main mit Auswirkungen weit in das Netz der schnellfahrenden Züge hinein. Die Deutsche Bahn schaffte nun die Zugnamen ab (stattdessen werden nach dem Vorbild der getauften Flugzeuge der Lufthansa Triebzüge mit Namen versehen), führte eine neue Unternehmensbekleidung (Uniform) ein und begann mit dem neuen Servicekonzept im Zug, das aber, wie die Fahrpreise, bald zurückgenommen wurde. Nicht mehr die Tochtergesellschaft MITROPA, deren Verkauf vorbereitet wurde[5], sondern der dem Fernverkehr der Deutschen Bahn zugeschlagene »Service im Zug« wartete mit dem Konzept der Bedienung am Platz auf, keine Rationalisierungsmaßnahme, sondern eine Serviceverbesserung, wie es hieß. Diese wurden in den Intercity-Expresszügen der neuen Hochgeschwindigkeitsstrecke Köln–Wiesbaden/Frankfurt (Main) eingeführt. Die Verfechter dieses Konzeptes, das am 7. Mai 2002 im wieder aufgebauten Kaisersaal am Potsdamer Platz in Berlin vorgestellt wurde, waren selbstverständlich überzeugt, dass der Speisewagen (das »Bordrestaurant«) völlig unwirtschaftlich und stattdessen die Bedienung am Platz mit Snacks und Erfrischungen viel besser sei. Auch dieses Konzept war verfehlt: Der Umsatz brach ein, tiefer als beim Speisewagen. 2003 kam die Kehrtwende, und der Speisewagen blieb.

■ In Berlin wurde das neue Servicekonzept vorgestellt: Laugenbrezel und Cola für die Fahrgäste der 2. Wagenklasse.

Eine Kehrtwende gegenüber Außenstehenden vollzog der Personenverkehrsvorstand, indem er sich wieder mit den Fahrgast- und Umweltverbänden vertrug und am 21. Juni 2004 einen Kundenbeirat gründete, den aber ohne die Leute von den Fahrgastverbänden! 32 Mitglieder waren unter 5.000, die sich darum beworben hatten, ausgewählt worden.

Präzision von einst

Seit ihrem Bestehen muss die Deutsche Bahn sich vorwerfen lassen, ihre Züge fahren unpünktlich. Das Thema Verspätung mag in den Medien und von den Bürgern nicht immer sachlich und objektiv besprochen werden. Wer hundertmal pünktlich ankam, spricht nicht darüber, sondern klagt über jene Stunde Verspätung, die er dann doch einmal ertragen

5 2004 bereitete die Deutsche Bahn mit der Begründung, sie wolle sich nur noch auf das Kerngeschäft konzentrieren, den Verkauf der MITROPA, des Reiseveranstalters AMEROPA sowie der Busunternehmen Deutsche Touring und Bayern-Express vor.

Hans-Gustav Koch (links) war auch vom Bedienen am Platz als besseren Kundendienst statt des Speisewagens fest überzeugt. Präsentation in Berlin am 7. Mai 2003

musste. Sie wirkt sich mehr auf das Ansehen der Deutschen Bahn aus als die ungleich größere Zahl der pünktlichen Züge und die Leistungen von Bahn und Eisenbahnern überhaupt. Vergleiche mit Autobahn und »Fliegern«, wie sie Mehdorn und sein Kommunikationschef Dieter Hünerkoch gern anstellten *(»Wie viele Termine habe ich in den letzten Monaten schon wegen Flug-Verspätungen versäumt, kann ich gar nicht mehr zählen.«* Warum fuhr er nicht mit dem Zug, der ihn obendrein nichts kostet?), gehen in der Öffentlichkeit fehl, weil diese die Deutsche Bahn – noch – mit der Präzision der einstigen Deutschen Bundesbahn vergleicht, wenn nicht mit der Eisenbahn überhaupt (»Nach der kannst Du die Uhr stellen!«).

Die Deutsche Presse-Agentur dpa machte am 30. Dezember 2003 die Schicksale der Pendler zwischen München und Augsburg bekannt: *»Rund 1.300 Münchner sind es, die in Augsburg beschäftigt sind. Da zwischen München und Augsburg eine der besten und schnellsten Bahnverbindung besteht, nutzt ein Großteil der Beschäftigten den ICE oder den Regionalexpress, um pünktlich und stressfrei an den Arbeitsplatz zu gelangen. [...] Die Deutsche Bahn (DB) gibt an, bei der Pünktlichkeit der Regionalzüge bei knapp 90 Prozent zu liegen, im Fernverkehr mit etwa 80 Prozent deutlich darunter. Wer im zu Ende gehenden Jahr an 190 Arbeitstagen Tag für Tag die Verspätungen zwischen München und Augsburg protokolliert hat, kommt zu diesem Ergebnis: Bei der Hinfahrt von München nach Augsburg an 26 Tagen ergaben die addierten Verspätungen ab fünf Minuten 7 Stunden und 36 Minuten. Bei der Rückfahrt von Augsburg nach München waren es an 59 Tagen 10 Stunden und 28 Minuten. In Prozent lag die Verspätungsquote bei den Tagen bei 13,6 Prozent bei der ICE-Anreise nach Augsburg und bei 31 Prozent bei der Rückfahrt nach München.«* Also deutlich höher als von der Deutschen Bahn im Durchschnitt berechnet. Denn die durchschnittliche Gesamtpünktlichkeit[6] lag bei

6 Gerechnet werden nur Verspätungen von fünf Minuten an; ausfallende Züge gelten als pünktlich.

86,8 Prozent im Jahr 1996
89,8 Prozent im Jahr 1997
92,2 Prozent im Jahr 1998
89,6 Prozent im Jahr 1999
90,2 Prozent im Jahr 2000
89,8 Prozent im Jahr 2001
88,7 Prozent im Jahr 2002
86,2 Prozent im Jahr 2003
93,2 Prozent im Januar bis März 2004. [20]

Im Juni 2004 waren trotz der Bauarbeiten 96 Prozent erreicht, aber auch das Warten auf Anschlusszüge aufgegeben worden. Und die Güterzüge mussten warten. Deren Pünktlichkeit lag bei 68 Prozent. Die Decke wird nur hin- und hergezogen.

Der Vorstand unternahm manches, um die Pünktlichkeit in den Griff zu bekommen. Ludewig ließ in den Bahnhofshallen die Pünktlichkeit auf Tafeln anschreiben, ohne dass der Reisende damit viel anfangen konnte. Mehdorn ließ sogleich nach seinem Antritt die Tafeln abhängen, setzte Generalbeauftragte und Pünktlichkeitsmanager ein, zum Beispiel Hans Besser. Der kommt von der Lufthansa, anders kann es bei der Deutschen Bahn gar nicht sein. Diese Leute vom »Steuerungssystem Qualität Fahrbetrieb« könnten eigentlich, wie früher die Betriebsleiter, feststellen, dass es die unterschiedlichsten Faktoren gibt, die den Betriebsablauf beeinträchtigen. Das wissen auch die Eisenbahner in der Netzleitzentrale und in den acht Betriebszentralen, wo man den Überblick über den Zugverkehr hat.

Vermutlich trauen die Manager ohne Eisenbahnerfahrung diesen nicht und greifen lieber zu Kampagnen, die sie von den Unternehmen kennen, aus denen sie kommen. Unter der Überschrift »Mitarbeiter zum Mitmachen motivieren« (*Bahnzeit* Juni 2004) wurde in Bayern die »Operation P.« ausgelöst, in Mecklenburg-Vorpommern »Spürnasen« eingesetzt. Nordrhein-Westfalen versucht es mit der aus der DDR bekannten »Mach-mit-Methode«, und in Saarbrücken werfen bei DB-Regio »fünf Paten strenge Blicke auf die Betriebsabläufe«. Birgit Gantz-Rathmann[7], Leiterin eines neuen Arbeitskreises, Mum genannt (= Mitarbeitereinbindung und -motivation), erläutert, *»wie die Mitarbeiter in die Leistungskampagne eingebunden werden können«: »Neu ist, dass wir diese Aktivitäten in ein Gesamtkonzept eingebettet haben. Um unser Ziel einer nachhaltigen Verbesserung bei Qualität und Service zu erreichen, gibt es bundesweit jetzt eine ganz Reihe von Aktivitäten und Maßnahmen, die im Rahmen anderer Arbeitsgruppen behandelt und umgesetzt werden. Ich nennen das Beispiel Pünktlichkeit und Service. Die Aktivitäten werden von Mum unterstützt.«* In diesem Stil antwortet Gantz-Rathmann weiter ohne fachlichen Hintergrund und ohne die Ursachen von Verspätungen beim Namen zu nennen. Ach ja, die Initiative »Operation P« *»stellen wir auch als so genanntes Best-Practice-Beispiel auf einer CD-ROM vor.«*

Was halten die Eisenbahner von diesem Geplätscher? In der Transnet-GdED-Mitgliederzeitschrift »Inform« war zu lesen: *»Solange ein Bahn-Management an der Spitze der Zent-*

7 Gantz-Rathmann war Personalvorstand von DB-Cargo. Sie wechselte am 1. Oktober 2001 als Bereichsleiter Soziale Dienste in den Vorstandsbereich der Konzernleitung.

rale sitzt, welches keine Ahnung von der Bahn hat und die DB AG gerne als Tochterunternehmen der Lufthansa sieht, geht es weiter bergab.«

Vieles hausgemacht

■ Rollout der neuen S-Bahn für Hannover 1999 im Adtranz-Werk Hennigsdorf. Wusste der Festredner Klaus Daubertshäuser, damals Vorstand Regio, dass die Züge noch gar nicht fahren konnten?

Zum Glück scheint es noch einige Fachleute bei der Deutschen Bahn mit Durchblick zu geben. Die stellen nämlich fest, dass der Hauptverursacher von Störungen, die die Pünktlichkeit beeinflussen, bei Railion zu suchen ist. Rangiert der Unternehmensbereich Fahrweg mit 10.000 bis 15.000 »störfallbezogenen Verspätungsminuten« pro Tag, kommt Railion Deutschland auf 16.000 bis 24.000 Minuten. Der oben genannte dpa-Bericht führte weitere Verspätungsursachen auf: Kabeltrasse von einem Bagger durchtrennt, zwei Selbstmörder, Lokomotivschaden, spielende Kinder im Gleis. Die Selbstmörder, die sich vor die Züge werfen, waren dann auch die Standardbegründung, warum die Deutsche Bahn nicht pünktlich ist. Eingeweihte meinen, auf sie entfallen allenfalls sechs Prozent der Verspätungen. Alles andere sei hausgemacht.

Für den S-Bahn-Verkehr in München ist im Winter – und nur hier – der Flugschnee in den Gleisen hinzuzufügen, für Nordrhein-Westfalen – und nur hier – im Herbst »der extrem schnelle Laubfall« (Mehdorn), der die S-Bahn in ein Chaos stürzt! Ausgerechnet nur ein oder zwei Jahre alte Fahrzeuge der Baureihe 425 (Stückpreis 4,8 Millionen Euro) bestanden mit ihren Bremsen und Sandstreuern zum zweiten Mal nicht solchen Widrigkeiten des Wetters. Fast vergessen ist, dass diese Triebwagenzüge der Baureihe 424 zur EXPO 2000 den S-Bahn-Verkehr in Hannover übernehmen sollten. Sie kamen wegen Konstruktionsfehlern erst nach der Weltausstellung. Aus Süddeutschland mussten die Züge der Baureihe 420 und 423 aushelfen. Bei der Abnahme von Neubaufahrzeugen zeigen sich oft viele Fehler. Im Werk Krefeld, wo die Baureihen 423 und 425 begutachtet werden, würde man 50 Mängel je Fahrzeug noch hinnehmen. 100 sind es durchschnittlich, 165 kamen auch schon vor. Dazu gehören mangelhaft eingestellte Türen, falsche Beschriftung von Steckern und Luftabsperrhähnen, verschmutzte Filtermatten, nicht DIN-gerechte Schraubverbindungen, unvollständige Betriebsbücher. Mancher trauert den Erprobungen der Deutschen Bundesbahn nach, ehe diese Fahrzeuge in Serie gehen ließ. Das aber war vor der Bahnreform. Seit diese im Gange war, wurden die Fahrzeuge ohne den Test auf Bahnfestigkeit gekauft, und ganz billig mussten sie sein.

In welchem Ausmaß die Probleme hausgemacht sind, zeigt die Lektüre der Tagesberichte aus der Betriebszentrale Duisburg von 2003, die der Auswerter manchmal mit humoristisch-drastischen Kommentaren versah. Hier einige Kostproben:

»Mehrhoog 16:21–16:48, Regionalbahn 72967, Ursache der Verspätung konnte nicht erforscht werden, da der Triebfahrzeugführer weder über Zugfunk noch über Handy erreichbar war. Verursacher: DB Regio AG.

Essen Hbf 18:31–18:53, Regionalexpress sollte in Essen Hbf wieder eingesetzt werden. Der Fahrdienstleiter gab allerdings die Durchsage, dass der Zug ausfällt. Daraufhin verschwand das Zugpersonal. Verursacher: DB Netz AG.

Nordbögge 12:38–12:47, Lokzug 93434 Aufprall auf Vogel. Untersuchung des Stromabnehmers durch den Triebfahrzeugführer. Keine Schäden am Triebfahrzeug, aber am Vogel. Verursacher: Fremdeinwirkung.

Meerbusch-Osterath 06:08–06:18, Cargo-Bedienungsfahrt 57760 stand vor einem haltzeigenden Selbstblocksignal. Der Fahrdienstleiter war nicht zu erreichen. Kommentar des Fahrdienstleiters: »Ich musste mein Auto umsetzen.« Verursacher: DB Netz AG.

Duisburg-Meiderich O 21:02–22:21, Regionalbahn 81123 150 m hinter Duisburg-Meiderich Ost liegengeblieben. Reisende vom Triebfahrzeugführer zum Bahnsteig geleitet und mit Taxi abbefördert. Verkehr Oberhausen Hbf – Duisburg-Ruhrort über Oberhausen West unter Auslassung der Halte Duisburg-Meiderich Ost und Duisburg-Obermeiderich umgeleitet. Taxieinsatz auf Veranlassung Prignitzer Bimmelbahn. Triebwagen durch mobilen Einsatztrupp wieder flott gemacht. Verursacher: anderes Eisenbahnunternehmen.

Bochum Hbf 00:48–01:59, Lokomotivführer des TC 45270 weigerte sich, Strecke Bochum Hbf–Essen-Steele Ost im Streckenwechsel zu befahren (Betra). Grund: angeblich nicht streckenkundig, ist aber gestern die gleiche Strecke gefahren. (O-Ton über Zugfunk: »Heute bin ich aber nicht mehr kundig!«). Ablöser mit Taxi um 01.57 Uhr eingetroffen. Verursacher: DB Cargo AG

Hagen 12:36–12:49, ICE 652 Kupplungsexperimente durchgeführt. Verursacher: DB Reise & Touristik AG.

Düsseldorf Wehrhahn 09:34–09:44, Triebfahrzeugführer der S-Bahn 97812 fuhr trotz Fahrt zeigendem Ausfahrsignal nicht ab. Begründung: Vorsignal war noch in Warnstellung, eine Abfahrt lohne sich nicht. Verursacher: DB Regio AG.

Duisburg Ruhrort 08:35–10:48, DNR 81029 Rapsölkurier (Prignitzer-Eisenbahn) Triebwagen-Störung, irrtümlich mit Olivenöl betankt. Zugverkehr nur zwischen Oberhausen Hbf und Duisburg-Meiderich Süd, Reisendenlenkung der Prignitzer Eisenbahn. Triebfahrzeug aus Zug 81042 ab Duisburg-Meiderich Süd als Hilfsfahrzeug zum Abschleppen eingesetzt. Verursacher: anderes Eisenbahnunternehmen.

Hagen 05:20–12:23, Triebfahrzeugführer des Regionalexpresses 12686 musste das Triebfahrzeug suchen. Verursacher: DB Regio AG.

Mönchengladbach Hbf 05:41–07:34, S-Bahn 98333 Fahrzeitüberschreitung durch Müdigkeit des Triebfahrzeugführers, in Hagen Hbf abgelöst. Verursacher: DB Regio AG.

Roisdorf 15:50–16:30, Bahnsteig von jecke Weibsen überlaufen. Züge werden vom Fahrdienstleiter über Zugfunk zur langsamen Fahrt im Bahnhof beauftragt. Verursacher: Fremdeinwirkung.

Siegburg 15:10–15:34, spielende Kinder in km 51,8 zwischen Siegburg und Wiedtalbrücke. Ortspolizei und Bundesgrenzschutz erfolglos im Einsatz. ICE 15 mit Nothalt gestellt. Strecke von 15.15 bis 15.34 Uhr gesperrt. Zeitgleich meldete Triebfahrzeugführer des ICE 509 Person am Gleis in km 30,4. Weiterfahrt auf Befehl C. Person wandelte sich bei genauer Betrachtung in einen Schaltkasten um, welcher im hellen Sonnenschein erstrahlte. Verursacher: Fremdeinwirkung.

Dortmund-Kurl 17:31–18:01, im Regionalexpress 10027 Massenschlägerei und Messerstecherei. Triebfahrzeugführer fordert Ortspolizei, Notarzt und Bundesgrenzschutz an. Gleise Dortmund-Scharnhorst–Dortmund-Kurl von 17.30 Uhr bis 18.01 Uhr gesperrt. Notfallmanager und Feuerwehr ebenfalls im Einsatz. Bei den Beteiligten handelte es sich um Mitglieder einer Friedensdemonstration. Verursacher: Fremdeinwirkung.

Leichlingen 11:12–11:42, Strecke Leichlingen–Solingen-Ohligs gesperrt. Triebfahrzeugführer der Regionalbahn 11213 meldete Dynamitstangen im Gleis in km 7,8. Notfallmanager, Feuerwehr und Bundesgrenzschutz im Gleis. Umleitung über Düsseldorf Hbf. Regionalexpress 12713 in KSO und 11270 in Leichlingen blockiert. Durch Notfallmanager wurden abgebrannte, zusammengebundene Feuerwerkskörper gefunden. Verursacher: DB Regio AG.

Werne (a d Lippe) 14:12–15:58, Triebfahrzeugführer der Regionalbahn 12326 meldete, Schaf verfolge eine weibliche Person in Gleisnähe in km 6,6 zwischen Werne (a d Lippe) und Lünen Hbf. Gleis von 14:37 bis 15:02 Uhr gesperrt. Bundesgrenzschutz und Notfallmanager im Einsatz. Verursacher: Fremdeinwirkung.

Recklinghausen Süd 12:59–13:19, Triebfahrzeugführer des IC 431 wegen Signalstörung durch Fahrdienstleiter über Zugfunk auf zu erwartende verzögerte Einfahrt (Zs 1 [= Ersatzsignal E. P.]) informiert. Triebfahrzeugführer reagierte sehr, sehr ungehalten, verfiel in den Gassenjargon und beschimpfte den Fahrdienstleiter auf das Übelste. Selbst über die Schlichtungsstelle von Reise & Touristik ergoss sich ein Wortschwall von Beschimpfungen. Verursacher: DB Reise & Touristik AG

Hagen 14:30–15:25, Ausfall der Fernsprecheinrichtungen und Wechselsprechanlagen Stellwerk »Hpf« sowie der Schnittstelle der Zugnummernmeldeanlage zwischen Hagen Hbf und Hagen-Vorhalle. Fehler im Glasfaserkabel, Verursacher: Auftragnehmer.

Leichlingen 19:21–20:55, Triebfahrzeugführer 12729 meldet Steine auf Schienen in km 13,600. Fahrt auf Befehl C. Seine Feststellung: keine Steine, aber zwei ihm freundlich zuwinkende Mädchen außerhalb des Gleisbereichs, Verursacher: Fremdeinwirkung.

Moers 10:05–11:07, TGC 47263 in km 8,5 Schwan erfasst und tödlich verletzt. Weiterer Schwan mit Nachwuchs hielt Totenwache in den Gleisen. Bundesgrenzschutz im Einsatz. Schwäne in den See zurückgetrieben, Verursacher: Fremdeinwirkung.

Bonn-Bad Godesberg G 07:50–09:06, Triebfahrzeugführer 22170 meldet Gegenstände im Gleis. Triebfahrzeugführer 11105 bestätigt Fund von Leichenteilen (Personenunfall am 30. Juni), Bundesgrenzschutz und Notfallmanager im Einsatz, Verursacher: Fremdeinwirkung.

Tiefenbroich 14:56–15:55, etwa 40 glückliche Kühe von einer Weide in Gleisnähe entwichen. KC 63635 über Handy (Strecke ohne Zugfunk) Strecke Tiefenbroich–Flandersbach gesperrt von 14.58 bis 15.55 Uhr. Hubschraubereinsatz, Verursacher: Fremdeinwirkung.

Selmig 08:49–10:00, Triebfahrzeugführer des Regionalexpresses 12608 meldete Schafe im Gleis, ein Tier bereits überfahren, Verursacher: Fremdeinwirkung.

Dortmund-Sölde 09:54–10:56, Triebfahrzeugführer der Regionalbahn 12448 meldete Brom- oder Himbeerpflücker am Gleis. Zugfahrten auf Befehl 9, Verursacher: Fremdeinwirkung.

Köln-Hansaring Wende 17:38–18:05, Leerreisezug 74527 durch 4 Personen farblich umgestaltet, Verursacher: Fremdeinwirkung.

Langenfeld (Rheinl) 16:16–16:42, S-Bahn 73395 wurde durch Fahrdienstleiter als ICE 76695 in Richtung Dortmund abgefahren, Verursacher: DB Netz AG.«

Aufschlussreich über die Ursache viele Pannen ist auch der Kurzrapport vom 21. Oktober 2003 der Niederlassung Südost in Leipzig von DB-Netz, in Kurzfassung und weniger poetisch als die Aufzeichnungen aus Duisburg:

»• *ICE-T 1511 ist am Gleis 11 gegen den Gleisabschluss geprallt. Ursache: vermutlich Computerfehler. 12 Minuten Verspätung.*
- *Für Lr 74620 fehlen in der Fahrplananordnung Angaben über Geschwindigkeitshefte, daher Messfahrt LICE-A 88281 später. 344 Minuten Verspätung.*
- *Warten auf Fahrplanerstellung bei einer Vielzahl von Zügen. 5770 Minuten Verspätung.*
- *Fahrplananordung 8780/Betra 36081 nicht durchführbar. Umbau Güsten mit Sperrung der Streckengleise Aschersleben–Güsten und Güsten–Sandersleben, Fahrten auf dem Gegengleis mit Befehl. 1357 Minuten Verspätung.*
- *Durch technologische Schwierigkeiten bei der Durchführung von Messfahrten zwischen Halle (Saale) Hbf und Leipzig Hbf kommt es zu Verspätungen. Es sind keine Halte für Befehlsaushändigung vorgesehen, keine Fahrten im Nachbargleis beim Fahren auf Befehl möglich und durch verspäteten Messzugumlauf nur noch operative Zugfolgeregelungen mit großen Auswirkungen möglich. 529 Minuten Verspätung.*
- *Kölleda, Mängellangsamfahrstelle, Herabsetzung der Geschwindigkeit zwischen Großheringen und Kölleda auf 30 km/h auf ca. 30 km Streckenlänge wegen Schienenfehler. 1714 Minuten Verspätung.*
- *Dauererdschluss im Streckenabschnitt Gröbers–Dieskau, gerissener Windseilhänger. 327 Minuten Verspätung.*
- *Radebeul-Naundorf, Störung an Telekommunikationsanlagen infolge Kabelschaden durch Elbehochwasser. 631 Minuten Verspätung.*
- *Chemnitz Kinderwaldstätte, 68948 wegen Triebfahrzeugschadens liegengeblieben. 232 Minuten Verspätung.*
- *Mit Inbetriebnahme des elektronischen Stellwerks Köthen, Unterzentrale Calbe (Saale) besteht Fahrstraßenausschluss Einfahrt von Calbe West nach Gleis 104 und von Schönebeck nach Gleis 101. 29 Minuten Verspätung.*
- *Fahrplananordnung 2381 für Lr 84240 wurde in die Totalsperrung der Betra 62566 hineinkonstruiert. 94 Minuten Verspätung.*

- *Fahrbahnstörung bei Kreuzung 673 Bahnhof Falkenberg (Elster) infolge Grenzwertüberschreitung. Keine Fahrtmöglichkeiten vom oberen zum unteren Bahnhof. 78 Minuten Verspätung.*
- *Unbefahrbarer Schienenbruch in Magdeburg Hbf. 112 Minuten Verspätung.*
- *Schrankenbaum am Bahnübergang km 96,834 zwischen Herlasgrün und Reichenbach durch Unbekannte festgebunden. 64 Minuten Verspätung.*
- *Weichenstörung (Grenzwertüberschreitung) im Bahnhof Köthen. Keine Fahrten von Baalberge zum Güterbahnhof möglich. Ausfahrten nach Wulfen nur auf Ersatzsignal. 41 Minuten Verspätung.*
- *Erdschluss im elektronischen Stellwerk Eilsleben. Autokran hat Oberleitung auf 1.200 m beschädigt. 9518 Minuten Verspätung.«*

Viele Verspätungen entstehen durch »Fremdeinwirkung«, aber auch durch Disziplinlosigkeiten von Eisenbahnern. Der Gipfel einer solchen war sicherlich der Zwangshalt für 160 Reisende im ICE 725, als sich ein Lokomotivführer im März 2001 im Tunnel nahe dem Bahnhof Frankfurt (Main) Flughafen 30 Minuten Pause genehmigte. Er wurde fristlos entlassen.

Reserven fehlen

Ist ein Zug verspätet, kommt er wegen ungenügender oder fehlender Reserven an der Strecken- und Bahnhofskapazität nicht mehr ins Lot. Das gibt die Deutsche Bahn auch zu. Die

DB-Regio Berlin/Brandenburg hält sich die 119 158 als Traditionslokomotive. Zur Internationalen Luftfahrtausstellung in Schönefeld (b Berlin) förderte sie 2004 die, allerdings wenig bekannt gemachten Sonderzüge von Berlin-Schönefeld über das Anschlussgleis nach Diepensee.
Foto: Reiner Preuß

Dem Bahnhof Neuruppin blieben nur noch zwei Gleise und ein Anschluss zur Werkstatt.

Antwort vom »Regionalen Kundendialog« auf die Beschwerde eines Reisenden lautet dann so: »*Das erhöhte Leistungsvolumen führt zu einer ständig ansteigenden Belastung der Infrastruktur. Diese wurde in den letzten Jahren nur punktuell verbessert, an manchen Stellen auch aus wirtschaftlichen Zwängen heraus reduziert. In Ballungsräumen ist die Leistungsgrenze längst erreicht, sodass sich verschiedene Züge gegenseitig behindern, sobald auch schon kleine Verzögerungen auftreten. […] Nur ein weiterer Infrastrukturausbau kann die Probleme mildern.*« Man kann entgegnen: Nur der Wiederaufbau von abgebauten Anlagen kann dem Betrieb wieder Luft verschaffen.

Von 2004 an gibt es keine in den S-Bahn-Farben lackierten Lokomotiven mehr. 111 181 steht am 14. August 1983 in München Hbf vor einer Regionalbahn. Foto: Weimer

■ Eine chinesische Delegation fährt am 18. März 2004 im Sonderzug 88389 von München nach Berchtesgaden. Die vorgespannte ES 64 F 4 -001 ist der Konkurrent der Dispo-Lokomotive von Siemens. Foto: Weimer

Der Ausbau der Nebenbahn Velten (Mark)–Neuruppin zur Hauptbahn (»Prignitz-Express« genannt) unter betriebswirtschaftlichen Gesichtspunkten ließ nur noch in Kremmen eine Kreuzungsmöglichkeit, obendrein nur für einen dort endenden Kurzzug zu. Bei Ver-

■ Schön anzusehen: zwei ICE 2 als Pärchen im Juni 2004 von Ansbach nach Treuchtlingen.

101 109 am 18. August 2002 vor dem Eurocity Brig–Amsterdam bei Oberwesel. Die Baureihe wurde an Stelle der Baureihe 120 zur Universallokomotive für Züge mit Geschwindigkeiten bis zu 200 km/h.

spätungen von mehr als zehn Minuten ist dann nur der Ausfall des Zuges einschließlich der Gegenleistung möglich. Solche in der Kapazität beschnittenen Strecken finden wir im gesamten Netz. Bei Abweichungen vom Regelfahrplan bleiben dann nur lange Wartezeiten, wenn ein Zug kreuzen oder überholen muss.

Es gibt viele, vermutlich von den kaufmännisch gebildeten Seiteneinsteigern eingeführte Prinzipien, die Leistungs- und Kapazitätsreserven gar nicht erst zulassen. Man will keinen Bereitschaftsdienst, möglichst nicht mehr rangieren, deshalb feste Zugeinheiten, wenig Abstellgleise und auch keine Direktverbindungen, die nicht zum Taktfahrplan und Linienverkehr passen. Die Betriebsführung nach Standard macht den Personenverkehr unflexibel und verschlechtert letztlich die Platzausnutzung. Gruppenreisen in einem Zug erscheinen undurchführbar. Eine Bank in Frankfurt am Main, die im Februar 2004 eine Reise mit 200 Personen nach Dresden plante, erhielt folgende Antwort: *»Nach umfassender Prüfung ist eine Beförderung für 200 Personen in einem Regelzug nicht durchführbar, da keine Kapazität in diesem Umfang zur Verfügung steht.«*

Ein Großunternehmen, das sogar für die Nachsorge eines Eisenbahnunfalls, »Care-Net-Einsatz« genannt[8], Hunderte von Eisenbahnern ausbildet, zeigt sich bei einzelnen Störungen erstaunlich unvorbereitet bzw. hilflos. Wiederholt wurden in liegengebliebenen ICE Reisende stundenlang ohne Klimatisierung festgehalten. Dabei hat die Deutsche Bahn Evakuierungsstege bauen lassen, die Räumung der Züge geübt und Ersatzlokomotiven abgestellt. Im Ernstfall scheitern die Maßnahmen an Details. Zwei Fälle: Am 2. Oktober 2000 bleibt bei Fulda ICE 684 bleibt wegen eines defekten Trafo-Lüfters im Tunnel stehen, gefangen ist auch Bayerns Innenminister Beckstein. Der Lokomotivführer versucht, die Panne zu beheben – vergeblich. Je eine Hilfslokomotive von DB-Cargo wird aus Kassel und von DB-Region aus Würzburg geschickt, eine weitere von DB-Cargo aus Frankfurt (Main) hält die Cargo-Leitzentrale mit dem Argument zurück: Wer bezahlt die? Der Lokomotivführer will den Zug mit dem hinteren Triebkopf aus dem Tunnel ziehen. Die Zentrale Transportleitung lehnt ab, es sind ja schon Lokomotiven unterwegs. Bei denen scheitert dann das Kuppeln an den Zug, sodass doch der eine Triebkopf den Zug nach Würzburg bringt.

Der zweite Fall am 5. Juli 2003 mit dem Pilgerzug 91356 Warburg–Nijmwegen. Der bleibt in Marsberg wegen Lokomotivschadens stehen. Da auch innerhalb vier Stunden keine Ersatzlokomotive gestellt werden konnte, musste die Weiterreise ausfallen – mit Schadenersatzforderungen des Veranstalters. Sicherlich rächt sich die Konzentration der Lokomotiveinsatzstellen und der Druck, nur keine zusätzlichen Kosten zu verursachen.

Eine Fernsehsendung des Senders Phoenix über die Eigentümlichkeiten der Schweiz kommt auf die Pünktlichkeit des dortigen Eisenbahnverkehrs zu sprechen. Ein Angestellter der Schweizerischen Bundesbahnen erklärte: *»Die Züge der Deutschen Bundesbahn kommen oft mit Verspätungen nach Basel. Wir setzen dann Reservezüge ein und führen den verspäteten Zug nach.«* Von diesen, früher auch bei Bundes- und Reichsbahn üblichen Vorkehrungen hatte sich die Deutsche Bahn entfernt. Bei den Schweizerischen Bundesbahnen käme auch niemand auf die Idee, Eurocitys auf Zielbahnhöfen in nur wenigen Minuten wenden zu lassen, weil nach menschlichem Ermessen bei langen Zugläufen mit Verspätungen gerechnet werden muss und dann der nächste Zug wieder verspätet abfährt.

Lasche Haltung

Das sind eigentlich Binsenweisheiten für qualifizierte und erfahrene Eisenbahner. Eine solche hat sich auch kurz vor dem Fahrplanwechsel am 14. Dezember 2003 durchgesetzt, als Karl-Dietrich Reemtsma, Vorstandsvorsitzender Fernverkehr[9], und Klaus Junker, Vorstand Betrieb und Streckenmanagement, den Eisenbahnern die Maßnahmen zur Verbesserung der Pünktlichkeit bekannt gaben. Sie wollten *»eine ›alte Eisenbahnerregel‹ wieder zum Maßstab machen: Die Sekunde ist Maßstab der Planmäßigkeit! Eine lasche Haltung ›Pünkt-*

8 Vermutlich soll dieser Begriff den makabren Zweck tarnen.

9 Am 1. Juni 2004 aus gesundheitlichen Gründen ausgeschieden, Nachfolger: Dr. Nikolaus Breuel, Sohn der besonders im Osten Deutschlands bekannten Treuhand-Chefin

lichkeit ist ja auch noch bis zu fünf Minuten [Anspielung auf den von der Bundesbahn übernommenen Grundsatz, Verspätungen unter fünf Minuten zu negieren – E. P.] – es wird sich schon wieder zurecht laufen ...‹ ist katastrophal für unser Netz und kann daher nicht geduldet werden!«

Die Grundsätze der Wartezeitvorschrift (Richtlinie 420) wurden verändert:

1. Aufgehoben: Angesichts eines (verspätet) einfahrenden Zuges darf der Anschlusszug nicht abfahren,
2. Neue zeitliche Reihenfolge: dringliche Hilfszüge, Premiumprodukte (Sprinter, Metropolitan, weitere definierte Züge), vertakteter langlaufender Personenverkehr gemäß ihrem Ausstrahlungseffekt zur Sicherung einer größtmöglichen Gesamtstabilität/Gesamtpünktlichkeit, sonstiger Fernverkehr mit Ausnahme definierter kritischer Einzellagen,
3. Anwendung vorzeitigen Endens und Wendens, um keine Verspätungen zu übertragen[10]
4. Keine Wartezeit von 7 bis 9 Uhr, in einigen Knoten weiter ausgedehnt, zum Beispiel in Nürnberg Hbf bereits ab 6.20 Uhr,
5. Einführung der örtlichen Aufsicht und der Bahnhofsbetriebsüberwachung.

Eigentlich hätte es Wiedereinführung der örtlichen Aufsicht heißen müssen, und es bedurfte, wie es auch Eisenbahner in der Mitarbeiterzeitung höhnisch beanstandeten, keines Pilotprojektes auf den Bahnhöfen Berlin Ostbahnhof, Köln Hbf, Frankfurt (Main) Hbf und Mannheim Hbf und vom 2. Februar 2004 an in Bremen Hbf und Dortmund Hbf. Denn erst von 1997 an war unter der euphemistischen Überschrift »Weiterentwicklung der Aufgaben der Bahnsteigaufsicht« die Aufsicht generell abgeschafft worden. [19] Die Geschäftsbereiche hatten sich nicht über die Zuordnung der Personalkosten zu einem Geschäftsbereich (Fern- oder Nahverkehr, Personenbahnhöfe oder Fahrweg?) einigen können. Die qualifizierten Eisenbahner, »Mädchen für alles« und Mittler zwischen Eisenbahn und Publikum wurden zu Fahrwegprüfern oder Reisendensicherern oder erhielten andere untergeordnete Aufgaben »im Servicebereich«.

Jetzt wurde die Aufsicht wieder gebraucht für die

- Koordination der Bereitstellungsprozesse
- Prozesskontrolle/Treiberfunktion bei Zugfertigmeldungen
- Erteilen des Abfahrauftrages
- Durchführen betrieblicher Handlungen (Befehle, Fahrpläne aushändigen usw.).

Reemtsema und Junker erklärten: *»Diese örtlichen Aufsichten sind der verlängerte Arm des Fahrdienstleiters, sie sollen die Kommunikationswege vereinfachen und verkürzen und die Abfertigungsprozesse beschleunigen.«* Mit diesen Maßnahmen verbesserte sich die Pünktlichkeit. Mehdorn sagte auf der Bilanzpressekonferenz am 13. Mai 2004, sie liege nun bei 98 Prozent. Allerdings spürten das viele Reisende bereits dadurch, dass ihnen die Anschlusszüge vor der Nase weggefahren waren.

10 Leipzig Hbf, von Verspätungen der Langläufe besonders betroffen, setzt immer überraschend häufig Ersatzzüge ein.

Die Dieseltriebwagen der Baureihe 642 pendeln als S 2 zwischen Dresden-Neustadt und dem Flughafenbahnhof in Dresden-Klotzsche (2001). Foto: DB/Mann

Verspätungsursache Fahrzeug

In zehn Jahren hat die Deutsche Bahn ihren Fahrzeugpark modernisiert (siehe Tabelle 1 auf S. 143 im Anhang). Manche behaupten, das sei nur dank der Bahnreform möglich gewesen. Das Durchschnittsalter der Fahrzeuge sank in den Jahren 1993 bis 2003 im Fernverkehr von 15 auf 14,8 Jahre, im Regionalverkehr von 24,6 auf 20,3 Jahre und bei den

Kurios, die Ferkeltaxe als S-Bahn. Sie pendelte als S 2 im 20-Minutentakt zwischen Gaschwitz und Leipzig-Plagwitz. Am 15. Dezember 2002 war dieser Verkehr eingestellt.

S-Bahnen von 18,8 auf 10,2 Jahre. Allerdings gingen mit den Neubeschaffungen Grundsätze verloren, die früher selbstverständlich waren. So sind die Fahrzeuge verschiedener Baureihen nicht austauschbar. Sie lassen sich nicht miteinander kuppeln. Infolge der großen Anzahl unterschiedlicher Teile entstehen hohe Lager- und Ersatzteilkosten, und es gibt weder für den Kunden noch für das Personal eine einheitliche Bedienung; jede Fahrzeugreihe ist anders.

Durch die Vielfalt der Fahrzeug-Unterbaureihen finden sich die Reisenden schlecht zurecht. Ohnehin teilen sie nicht die Begeisterung über die Konstruktion und den Komfort, wie sie die Hersteller äußern. Die Reisenden empfinden die Klimaanlage und das Motorgeräusch in der Baureihe 425 als zu laut, die Sitze in den neuen elektrischen Triebwagen, selbst wenn sie für Kurzstrecken gedacht sind (ist Herford–Paderborn eine Kurzstrecke?) als primitiv, die Klimaanlage in der Baureihe 611 als ungeeignet. Eisenbahner von DB-Regio meinen, die Deutsche Bahn wäre gut beraten gewesen, die Baureihe 628 weiterzuentwickeln.

Hans-Jürgen Lücking war am 1. Dezember 1999 vor der Erstfahrt des ICE »Andreas Schubert« in Dresden Hbf optimistisch zum »Hochgeschwindigkeitsverkehr« auf der Sachsen-Magistrale.

Verheerend für das Unternehmen sind die Störungen, die regelmäßig zu Verspätungen und zum Zusammenbruch der gesamten Flotte führen. Das Beispiel liefert uns die Ver-

Reisezeiten Dresden–Nürnberg

Jahr	Stunden, Minuten	Bemerkungen
1937/1938	7,19	Umsteigen in Hof mit 30 Minuten Übergangszeit
1970	7, 3	54 und 15 Minuten Aufenthalt auf den Grenzbahnhöfen Gutenfürst bzw. Hof
1990	6, 55	36 und 21 Minuten Aufenthalt auf den Grenzbahnhöfen Gutenfürst bzw. Hof
1996	5, 14	Interregio
2000/2001	5, 24	Schnellzug
2001/2002	4, 53	ICE-Neigezug, ohne Lokwechsel in Reichenbach (Vogtl)
2003/2004	4, 32	Neigezug, Baureihe 612, ohne Lokwechsel in Reichenbach (Vogtl)

bindung Dresden–Nürnberg. Die lokomotivbespannten Interregio waren nicht mehr gut genug. Sie sollten 2000 durch Intercity-Expresszüge ersetzt werden. Die können wegen der bogen- und neigungsreichen Strecke zwar nicht mit hohen Geschwindigkeiten beeindrucken, sind aber – vermeintlich – komfortabler. Das behauptete Hans-Jürgen Lücking, der Konzernbeauftragte für Sachsen zur Eröffnung des ICE-Verkehrs am 1. Dezember 1999 in Dresden Hbf. Der ICE-T fuhr vorerst nur bis Zwickau (Sachs) Hbf. Wegen der Lücke im elektrifizierten Netz Reichenbach (Vogtl) ob Bf–Hof musste auf die Dieselvariante gewartet werden.

Die Dieselneigezüge (ICE-TD, Baureihe 605) rauschten nicht »in Rekordzeit in Richtung Dresden«, wie es die DB-Mitarbeiterzeitung in gewohnter Übertreibung (»Geschwindigkeit und Reisekomfort auf höchstem Niveau«; ansonsten Lieblings-Schlagzeile: »drücken aufs Tempo«) prophezeite. [17] Vielmehr wurden sie zum Schmerzenskind der Deutschen Bahn. Diese kam einerseits zu Unrecht an den Pranger, andererseits war sie, ziemlich blauäugig, nicht müde geworden, auf die Verantwortung der Industrie für praxisreife Fahrzeuge hinzuweisen. Mehdorn charakterisierte einmal das, was seinem Unternehmen als deutsche Qualitätsarbeit zugemutet wurde, sarkastisch: *»Wir haben Züge, die nur bei 17 bis 22 Grad und besonderer Luftfeuchtigkeit fahren.«*

Langsam reifte die Erkenntnis, die schon die Vorfahren hatten: Man muss die Neubauten auf Bahntauglichkeit testen. Der Technik- und spätere Personenverkehrsvorstand Dr. Karl-Friedrich Rausch versprach, *»bei besonders anspruchsvollen Zügen wird wieder eine Vorserie gebaut. Die Fahrzeuge werden zunächst ein Jahr lang ohne Fahrgäste unter Betriebsbedingungen erprobt.«* Die neue Haltung traf zuerst einen Nahverkehrszug, den Lirex. Ehe im Juli 2002 die Serienproduktion der Baureihe 189 startete, erprobte Siemens zehn Monate lang drei Vorauslokomotiven.

Die Fahrgäste hatten gelitten

Die Deutsche Bahn, mehr noch ihre Fahrgäste, hatten bereits unter den unausgereiften Nahverkehrszügen gelitten, auch unter den Ausfällen der Neigetechnik und anderen Störungen bei den Baureihen 605, 610 und 611. Bei den 20 Exemplaren des ICE-TD, Baureihe 605, war es zunächst die Software, die nicht funktionierte und wiederholt dazu führte, dass die Neigetechnik abgeschaltet werden musste oder dass der Zug ganz seinen Dienst versagte. Der »Express« fiel hauptsächlich durch Verspätungen auf, weniger dadurch, dass er sich »wie ein Motorrad in die Kurven legte«. Auch Störungen der Motoren und der Kühlwasserleitungen waren an der Tagesordnung. Am 2. Dezember 2002 brach in Gutenfürst eine Radscheibe. Das Eisenbahn-Bundesamt verlangte nun, dass die Räder alle 30.000 km geprüft werden müssen. Das Softwareproblem war inzwischen behoben. Der Zug durfte nur ohne Neigetechnik mit gedrosselter Geschwindigkeit fahren; er wurde nur noch zwischen München und Zürich eingesetzt. Nachdem der Hersteller Ende 2003 die Auflagen des Eisenbahn-Bundesamtes erfüllt hatte (Austausch aller Achswellen), beschloss die Deutsche Bahn: Wir fahren damit nicht mehr. Sie mochte sich nicht ihren Ruf durch unausgereifte Produkte weiter ruinieren lassen.

■ Ersatz für den Diesel-ICE-Neigezug. Foto: Emersleben

19 vierteilige Triebzüge (der 20. war während eines Werkstattaufenthalts schwer beschädigt worden) waren in Hof, Hagen und Delitzsch abgestellt.[11] Ersatz waren wieder lokomotivbespannte Züge, nun in der Kategorie Intercity, und schließlich die in Fernverkehrsfarben umlackierten Neigezüge der Baureihe 612, die allenfalls für kurze Strecken des

11 Ein Triebzug war bereits ausgemustert worden, weil er in der Werkstatt Hof von der Hebebühne gerutscht war.

■ 234 444 am 26. Juli 2003 in Chemnitz Hbf vor dem Intercity nach Nürnberg Hbf – der Ersatz für den ICE-Neigezug

Nahverkehrs geeignet sind und den Einsatz unter winterlichen Bedingungen nicht vertrugen. Die Abteile 1. Klasse wurden mit beweglichen Armstützen und Kopfpolstern versehen, in der 2. Klasse wurden Klapptische und Zeitungsnetze angebracht. Auch eine mobile Minibar kam in die Züge. Der Engpass, nur eine Toilette für 150 Sitzplätze, blieb. Zum Trost überreichten die Eisenbahner den Reisenden nach dem 15. Dezember 2003 Schokoladentäfelchen.

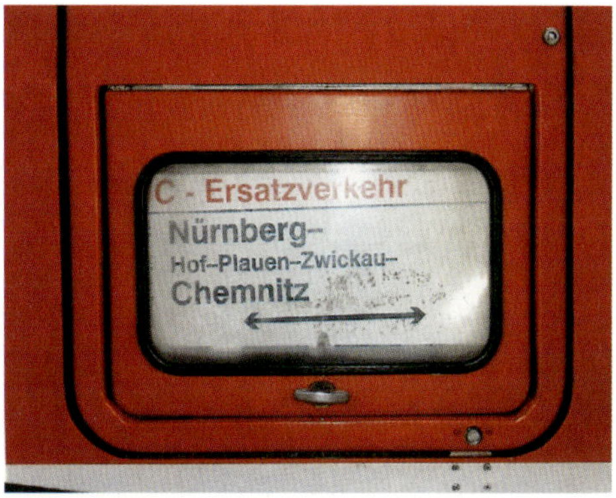

■ Aus dem ICE wurde ein IC.

Ein gewisses Verständnis dafür kann man haben, dass sich die Bahn nicht mehr auf den Pfusch der Fahrzeugindustrie einlassen will. Aber den Eisenbahnern der Werkstatt in Hof, wo die Baureihe 605 beheimatet war, fehlt nun die Beschäftigung. Warum fehlt es aber an der Einsicht, dass die Verbindung Dresden–Nürnberg eben keine Hochgeschwindigkeitsstrecke ist und konventionelle Fernzüge genügen? Liegt es am Einfluss von Landesfürsten und Kommunalpolitikern, die nur noch den ICE, egal ob echt oder Nachahmung, gelten lassen? Nach dem Einsatz des Nahverkehrstriebwagens äußerte sich in Franken Wut und Empörung gegenüber der Deutschen Bahn, denn der fuhr nun nicht mehr über Bayreuth. Für die Fernverbindung war extra die Schlömener Kurve bei Neuenmarkt-Wirsberg gebaut worden.

Von Pannen beherrscht war auch der elektrische ICE-T, Baureihe 411/415, insbesondere in der Verbindung Saarbrücken–Dresden. 60 bis 90 Minuten Verspätung durch Ausfall der Neigetechnik waren an der Tagesordnung, sodass der Wendehalt in Dresden Hbf nicht reichte, um fahrplanmäßig zurück fahren zu können. Die Bahn griff zu einem probaten Mittel: Sie brach den Lauf in Leipzig Hbf. Nach Dresden Hbf muss umgestiegen werden; bei Verspätungen wird erst der folgende Zug erreicht.

■ Auch wenn er in Weiß fährt; die Baureihe 612 ist ein Nahverkehrszug.
Foto: Reiner Preuß

■ Der ICE-T, Baureihe 411, im Prüfzentrum von Siemens Wegberg-Wildenrath. Die Macken stellten sich dann im Regelbetrieb Saarbrücken–Dresden heraus.

2000 hatten die Deutsche Bahn, die Österreichischen sowie die Schweizerischen Bundesbahnen die »TEE-Rail-Alliance« vereinbart. Bis 2005 sollten 130 Neigetechnikzüge beschafft werden. Bald wurde es ruhig um diese Allianz, zumal die Schweizer es lieber sähen, die Verbindung München–Zürich wäre durchgehend elektrifiziert, und auch mitbekamen, wie es um die Neigetechnik bestellt ist: teuer und unzuverlässig.

Auch der ICE-3 trat 1999 in dem kräftig von der internationalen Bahnindustrie unterstützten deutschen Theaterstück »Wie ich mich vor dem Ausland und vor mir selbst blamiere« (*Frankfurter Allgemeine Zeitung* vom 30. Dezember 2003) auf, der ohne Vorserie im Regelverkehr seine Alltagstauglichkeit beweisen sollte. Seine Wirbelstrombremsen waren bei Temperaturen unter 1 °C anfällig, die Fahrmotoren mangelhaft, die Stromversor-

■ Das Werk Kassel darf den Wagen der Great Western neu lackieren (2004). Der Anstrich des Herstellers war mangelhaft.

gung schwierig, die Kupplungen versagten und die Bugklappen schlossen nicht, auch die Glasscheiben in den Gepäckablagen rissen, die sparsam eingebauten Klimaanlagen fielen aus. Mit hunderten kleinerer Störungen hatte man das Produkt auf die Kunden losgelassen, das auf der neuen, nur für Hochgeschwindigkeitszüge trassierten Strecke nicht einmal durch einen anderen Zug ersetzt werden konnte.

Außerdem erwies sich die Hochgeschwindigkeitsstrecke Köln–Rhein/Main, die doch durch eine Stunde weniger Fahrzeit gegenüber dem Lauf am Rhein entlang Autofahrer von der Autobahn weglocken sollte, nicht als Erfolg. Zum Flop wurden die von den Politikern durchgesetzten neuen Bahnhöfe Limburg (1000 Fahrgäste täglich) und Montabaur (1500 Fahrgäste). In Siegburg (auch von den Politikern als Ersatz für Bonn durchgesetzt) steigen täglich rund 1800 Reisende ein oder aus, was eigentlich keinen Unterwegshalt eines Fernzuges rechtfertigt. Lediglich 28 Prozent von ihnen sind von anderen Verkehrsmitteln auf die Züge umgestiegen. [12]

Nur weiß oder rot

Bereits bei der Deutschen Bundesbahn hatte man seine Not mit den Zuggattungen. Schnell-, Eil- und Personenzüge, notfalls noch Fernschnellzüge genügten nicht mehr, immer neu benannte »Produkte« mussten unterwegs sein, bis niemand mehr die Unterschiede erklären konnte. Mehdorn in seiner dominanten Art machte mit diesem Produktwirrwarr Schluss, indem er den Unterschied von Fern- und Nahverkehr erklärte: *»Es gibt nur noch rote Züge mit weißem Strich und weiße Züge mit rotem Strich, und dann ist Schluss!«*[12]

12 1750 Wagen des Fernverkehrs erhielten im Werk Neumünster die lichtgraue Lackierung mit durchgehendem roten Seitenstreifen; der Volksmund sagt zu den IC, es seien Lazarettzüge.

Am Regio-Shuttle RS 1, dem Nachfolger der Triebwagen-Baureihe 171 (hier im Werkanstrich), stören die Reisenden sich an den eigenwilligen Fensterstreben. Foto: Adtranz

■ Ein LIREX nach Magdeburg am 26. März 2003 in Wittenberge.

Diese Vereinfachung traf zuvörderst den Interregio, der mit blauen Wagen die Lücke zwischen den Nahverkehrszügen und dem Intercity schließen und nach 1982 bei der Bundesbahn zu einer neuen »Kultur des Reisens« führen sollte. Mit der Behauptung, er sei unwirtschaftlich, und mit der Vernachlässigung des Marketings für ihn (Laufweg, Zielbahnhöfe, Anschlüsse) schien es leicht, ihn zum Fahrplanwechsel im Mai 2001 durch den Inter-

■ Rote Züge = Nahverkehr in Altenberg (Erzgeb) am 15. Oktober 2000. Wenn der Fahrpreis stimmt, kommt auch das Volk. An diesem Sonntag zur Wiedereröffnung der sanierten Strecke konnte man gratis fahren und empfand schon deshalb die Deutsche Bahn als sympatisch – für einen Tag!

■ Fast sämtliche modernisierten Nahverkehrs-Reichsbahnwagen wurden aus dem Verkehr gezogen.

city (IC) mit dem selben Wagenmaterial oder den Interregio-Express (IRE) zu ersetzen. Das lief unter dem Kürzel MORA P (Marktorientiertes Angebot im Personenverkehr), das allein in Mecklenburg-Vorpommern 85 Eisenbahner um ihren Arbeitsplatz brachte. Der Intercity brachte höhere Fahrgeldeinnahmen, da nun IC-Zuschlag bzw. IC-Fahrpreis zu bezahlen waren, der IRE hatte den Vorteil, dass er als Nahverkehrszug von den Ländern bestellt und finanziell gestützt werden musste.

Zur Aufwertung des Interregios als Intercity gab es einzelne Proteste von Reisenden, während der Interregional-Express sich mangels Abgrenzung zum Regionalexpress nicht durchsetzte. Mit Ausnahme von Baden-Württemberg, wo als Krönung des IRE noch IRE-Sprinter verkehren, zum Beispiel Stuttgart–Ulm–Friedrichshafen Stadt, und damit die Produktvielfalt wiederhergestellt wäre.

Die Abschaffung des Interregios führte zu einer Einschränkung vieler Direktverbindungen wie Flensburg–Konstanz oder Görlitz–Kiel, die bei jenen Reisenden beliebt waren, denen das Umsteigen ein Greuel ist. Der Wegfall des Interregios mit seinen Annehmlichkeiten in der Ausstattung der Wagen (hier ließen sich noch die Fenster öffnen) ging einher mit der permanenten Komforteinschränkung im Fernverkehr. Dazu gehörten:

- Statt der Abteile und Sitzlandschaften wurden Großräume geschaffen und im

■ Interregio Bodensee als »Sanitätszug«. Lange fuhr er nicht mehr.

Laufschilder der Interregios im Werk Berlin-Rummelsburg – Erinnerung an bequeme Zugverbindungen.
Foto: Emersleben

ICE-3 die »Packungsdichte« durch Verkürzung des Sitzabstandes von 971 auf 920 mm erhöht. Wieder der berühmte Vergleich: »Mehr Platz als in Pkw und Flieger«!
- Flugzeugähnliche Sitzreihen in den ICE gaben die Abteile zur Kommunikation, den Ruhebereich sowie den Spiel- und Arbeitsbereich auf.
- Die größere Breite der ersten und zweiten ICE-Serie mit der Folge, dass diese auf bestimmten Strecken als Lademaßüberschreitung verkehren, wurde bei der dritten Serie aufgegeben. Besonders eng geht es in den eigentlich nur als Intercity konzipierten ICE-T zu.
- Bistro-Café-Wagen ersetzten, wenn überhaupt, die Bord-Restaurantwagen der IC-Züge. Im ICE-3 wurden die Bord-Restaurants ausgebaut und durch Stehtische ersetzt. Die Kellner merkten bald den Umsatzrückgang. Hier bestellt man keine Flasche Rotwein.
- Die nach 1990 modernisierten Nahverkehrswagen der Deutschen Reichsbahn wurden ausgemustert.
- Den großspurig als Inbegriff qualifizierten Reisens angekündigten »Touristik-Zug« gibt es nicht mehr. [13]

Die von DB-Regio gebildete Organisationseinheit DB-Schwarzwaldbahn[13] gewann im Februar 2004 die Ausschreibung für den Betrieb der Strecke Karlsruhe–Konstanz. Zehn Jahre lang sollen *»Doppelstockwendezüge der neuesten Generation zum Einsatz kommen und für eine deutliche Komfortverbesserung sorgen.«* [15] Die »Hauptstoßrichtung« sei der Freizeitverkehr. Angeblich soll es, nachdem bekannt wurde, dass DB-Regio für elf Lokomo-

13 Bundesweit wurden 2004 nach dem Vorbild der Regio-Netze kleine Einheiten mit eigenem Budget gebildet, um bessere Chancen bei der Vergabe der Nahverkehrsleistungen zu erhalten. Allein in Bayern sind es neun eigenständige DB-Gesellschaften für den Nahverkehr! Auf Anfragen zu diesen neuen Gesellschaften reagierte die Deutsche Bahn merkwürdig. Dr. Jürgen Dornbach, Geschäftsführer von Regio-Netz, antwortete am 28. Juni 2004: »Bei uns kann sich jeder einen Namen geben!«

tiven und 36 Doppelstockwagen 80 Millionen Euro ausgibt, Widerstand gegen diese »Produkte aus dem Osten« gegeben haben. Versehentlich oder wider besseren Wissens wurde diese Meinung kolportiert und gegengesteuert durch einen Bericht über die vom Bombardier-Werk Görlitz gelieferten Doppelstockwagen in der DB-Mitarbeiterzeitung *Bahnzeit* 4/2004 (»Zwei Etagen auf Erfolgskurs«). Dagegen, sie im Nahverkehr einzusetzen, hatte sicherlich in Baden niemand etwas einzuwenden, wohl aber gegen den Ersatz des umsteigefreien Fernverkehrs durch nur für den Nahverkehr gebaute Fahrzeuge. So las man es auch in den Leserbriefen.

Noch im Sommer 2004 erinnert in Ravensburg der Hinweis auf das Interregio-Bistro. Hier hält täglich nur zweimal ein zum Intercity verwandelter Fernzug.

Von Knoten zu Knoten

Die Strategie der Deutschen Bahn seit etwa 2000 ist, die Kultur des Reisens durch kürzere Reisezeiten abzulösen, Fernverkehr möglichst nur noch von Knoten zu Knoten und hier im Halbstundentakt. Alles Andere wird dem Nahverkehr überlassen. Das so genannte Hub-and-Spoke (Rad-Speiche-System) aus dem Luftverkehr wurde wiederholt als erstrebenswert propagiert. Sich nicht mehr mit Kleinigkeiten gut verknüpfter Nah- und Fernverkehrsnetze beschäftigen zu müssen, scheint dem Lebensziel mancher Führungskräfte zu entsprechen.

Diesen ist auch der gedruckte Fahrplan, insbesondere das Kursbuch suspekt. Wozu gedrucktes Papier, wenn es das Internet gibt? Schon Heinz Dürr hatte während seiner Zeit als Vorstandsvorsitzender damit kokettiert, er verstünde das Kursbuchlesen nicht. Folglich hat man es einfacher gestaltet, eigentlich verschlimmbessert, indem sinnlos die Fahrplantabellen aufgeteilt, auf den Laufweg von ICE/IC- oder IR-Linien zugeschnitten und das Kursbuch zu sieben dünnen Bänden, aber insgesamt zur Größe eines Ziegelsteins aufgeplustert wurden. Trotzdem enthält es nicht alle Zugverbindungen in Deutschland. Wegen dieser Behauptung mussten auf Veranlassung des Landgerichts Berlin die Fahrpläne 2002/2003 eingezogen werden – ohne Ersatz. Es ging ja auch so.

Auch im Fahrplanjahr 2003/2004 fahren noch Geisterzüge, wie die ICE Hamburg–Berlin–München, die die Fahrplantabelle der Strecke 204 Lutherstadt Wittenberg–Berlin–Stendal verschweigt. Die am Wochenende eingesetzten Intercitys, wie IC 2515, 2675 und 2314 fehlen ebenfalls. Und es fehlte zwischenzeitlich das Angebot von Connex wie die

■ 185 515 am 1. Oktober 2003 vor dem X-Zug Rostock–Berlin–Kassel–Köln in Berlin-Schönefeld Flughafen. Foto: Reiner Preuß

X-Züge[14] Gera–Berlin–Rostock. Die Deutsche Bahn meinte, sie sei nicht verpflichtet, Werbung für die Konkurrenzprodukte ihrer Wettbewerber zu machen. Sie sieht das Kursbuch nicht als Katalog der Züge an, sondern als Werbemittel. Es heißt ja nicht mehr »Amtliches Kursbuch«. Ein solches fehlt in Deutschland wie auch ein Band A – Fernverbindungen, der wirklich Nutzwert besitzt. *»Seit es die Eisenbahn gibt, hat noch nie ein Zug im Kursbuch gefehlt«*, sagte Hans Leister von Connex. Da das Kursbuch aber versprach, sämtliche Züge zu enthalten, mussten nach gerichtlicher Klärung Lehrlinge die entsprechende Seite herausreißen. Verkauft wurden die Kursbücher dann nicht. Im Winterhalbjahr 2002/2003 gab es kein Kursbuch der Deutschen Bahn.

Im Zeitalter der europäischen Integration verzichtet die »beste Bahn« auf einen Auslandsteil (der übrigens bei der Deutschen Bundesbahn vorbildlich war) zu Gunsten des monatlich erscheinenden Cook-Fahrplans. Wer kennt den? Abgesehen davon, dass viele Auslandsverbindungen (Berlin–Krakow, Berlin–Kopenhagen, Berlin–Stockholm, zu den baltischen Ländern und nach St. Petersburg generell) von der Reisezeit, dem Komfort und dem Preis ganz unakzeptabel sind.[15]

Ohnehin hält das vermeintliche Werbemittel Kursbuch nicht, was es verspricht, weil nicht nur zum Fahrplanwechsel die Fahrpläne geändert werden, sondern auch zwischendurch.

---

14 Die Connex-Fernzüge als ICx zu bezeichnen, hat die Deutsche Bahn unter Hinweis auf den Markenschutz der Intercitys untersagt.

15 2004 wurde erwogen, nach Kaliningrad und in die baltischen Länder Talgo-Züge einzusetzen.

■ Der X-Zug von Connex Gera – Rostock fährt durch Neustrelitz. Diese Fernverbindung war der erste Stachel im Fleisch des DB-Personenverkehrs.

So ärgerten sich die aus Richtung Singen (Hohentwiel) in Friedrichshafen Stadt ankommenden Reisenden nach Ulm stets, dass wenige Minuten vor ihrer Ankunft der Anschlusszug abgefahren war – planmäßig! Mitten in der Fahrplanperiode war es möglich, dass der Regionalexpress nach Ulm einige Minuten später abfährt. Dafür mussten die Halte in Lampertsheim und Aulendorf aufgegeben werden. Verbarg sich hinter dieser Veränderung zum Guten mangelhafte Fahrplanvorbereitung, oder sind die »Planer« doch nicht so nah in der Region, wie das durch die Strukturveränderungen der »Bahnreform« versprochen wurde? Wie die Fahrpläne wirklich sind, erfährt man aus dem Internet.

Automaten für den Personalabbau

Die Gläubigkeit von Führungskräften, mit der EDV und dem Internet ließen sich Kunden einfangen, wird von der Automaten-Manie übertroffen. Sich Auskunft und Fahrscheine im Internet oder am Automaten zu holen, ist mindestens zwei Drittel der Bahnkunden suspekt. Zu dem einen Drittel, das an die Automaten geht, gehören hauptsächlich die Fahrgäste des Nahverkehrs sowie die Eisenbahner und Eisenbahnrentner, denen es nicht erlaubt ist, ihre Freifahrt oder Personalfahrkarte am Schalter zu lösen. Viele Reisende haben Schwierigkeiten, bei Tage die Bildschirme zu lesen oder brauchen zusätzlichen Rat, bevor sie eine Fahrt antreten und sei es der Hinweis auf einen günstigen Regionalfahrschein, zur Fahrtunterbrechung usw. Weich gekocht werden die Kunden durch Gratisreservierungen im Internet oder am Automaten. Im Reisezentrum oder Reisebüro muss man seit 1. April 2004 je Platzkarte

3 Euro bezahlen, 40 Cent mehr als vorher.[16] Ende 1999 hatte der Vertriebschef des Fernverkehrs Dr. Wolfgang Zoller noch den Eisenbahnern versichert, Automaten gäbe es, damit *»im Reisezentrum mehr Zeit für serviceorientierte Beratungsgespräche«* sei. *»Die Verkäufer erhalten mehr Freiräume.«* Tatsächlich ging es um die »Zielvorgabe optimiertes Vertriebskonzept«, um den Personalabbau, damit der Fernverkehr rentabel wird. Gespart wird am falschen Ende.

Mit Nachdruck setzt Jürgen Büchy, vorher Verkaufschef Deutschland der Lufthansa, das »Vertriebskanalkonzept« (VKK) um. Er will bis 2005 die Kosten um 20 Prozent senken und den Mix der sieben Vertriebswege zu Gunsten preiswerter Varianten verändern. Nicht wie zu Bundesbahnzeiten sollen die Fahrkarten im Reisezentrum gekauft werden, sondern mit Hilfe von Call-Centern (gehören zur DB-Tochter DB-Dialog und haben einen für das Unternehmen günstigen Branchentarifvertrag), in den DB-Service-Stores (Tankstellensortiment und Fahrkarten, ein Franchisesystem) und an mehr als 1000 Automaten. Bis 2008 soll der Umsatz der »personenbedienten Vertriebswege« auf 40 Prozent gesenkt, sollen statt 5800 nur noch 4700 Fahrkartenverkäufer beschäftigt werden. Da die Kunden störrisch sind, wurde

16 Verteuert um 100 Prozent wurde auch die Hinterlegung im Gepäckaufbewahrungsautomaten.

DAS ENGAGEMENT DER REISEBERATER BELOHNT

SIEGERTEAM: *Heike Hoffmann (vorne, r.) und ihre Mitarbeiterinnen vom DB ReiseZentrum Leipzig erhielten einen Sonderpreis für kreative Ideen beim Fahrkartenverkauf*

Suhl. Spannung war Ende Januar angesagt, als die DB ReiseZentren des Jahres 2004 prämiert wurden. Die Preise wurden in insgesamt 13 Kategorien verliehen. Darunter waren Sonderpreise in den Bereichen BahnCard-Verkauf, Verkauf 1. Klasse sowie der Sonderpreis „Mobile".

130 TEILNEHMER

Grundlage für die Bewertung war in diesem Jahr nicht nur der Umsatz der einzelnen Standorte, sondern auch das Engagement der Verkaufsteams. Rund 130 Teilnehmer waren bei der Veranstaltung des Personenverkehrs im Congress Centrum Suhl dabei. **Seite 4**

■ Das Titelbild in der »Bahnzeit« 3/2004 interpretierten manche Leser anders: »Noch ein Jahr und dann ist auch unser Reisezentrum geschlossen!«

■ Ein Müllzug auf der Insel Wangerooge. Merkwürdigerweise gehören der Schiffbetrieb und die letzte Schmalspurbahn der Deutschen Bahn zu DB-Autozug. Dabei ist die Nordseeinsel autofrei!

mit »materiellen Hebeln« nachgeholfen, indem mehrere Leistungen im personenbedienten Verkauf mit einem Zuschlag belegt wurden. Die Deutsche Bahn lobt die »Gründerinitiativen«. Der gekündigte Beschäftigte hat den versprochenen Freiraum, den Fahrkartenverkauf »eigenwirtschaftlich« weiterzuführen. Will er dann, wie in Sassnitz durch Nebengeschäfte (Zigaretten- und Würstchenverkauf) rentabler werden, wird er durch Vorgaben (welche Sorte Zigaretten zu handeln ist, wo diese zu liegen haben) vom Geschäftsbereich Personenbahnhöfe daran gehindert. Schließlich soll 2004 der Vertrieb aus dem Fernverkehr herausgelöst und ein eigenes, selbstständiges Geschäftsfeld werden. Wer den Vertrieb in Anspruch nimmt (Fernverkehr oder Regio), muss dafür bezahlen. Die Unternehmensberatung lässt grüßen!

So wie der Kunde das 2002 kreierte Fahrpreissystem nicht akzeptierte, möchte er keine personalbereinigten Bahnhöfe und Züge. Die Wirkungen auf die Akzeptanz der Eisenbahn sind fatal, wenn zum Beispiel 2003 zwischen Berlin und Stralsund gerade noch fünf Prozent der Bahnhöfe und Haltepunkte von Fahrkartenverkäufern besetzt waren. 1990 war es noch 90 Prozent. Im »Kundenmonitor Deutschland«, untersucht von der Münchner Service-Barometer AG, schneidet die Deutsche Bahn unter den Dienstleistern immer schlecht ab. 1999 rutschte ihr Fernverkehr um 18 Punkte auf Platz 3,04. Nur die Polizei war schlechter und der DB-Nahverkehr (Platz 3,15!).

Andere Bahngesellschaften haben solche Sorgen nicht. Connex, die Harzer Schmalspurbahnen, die Usedomer Bäderbahn (Tochtergesellschaft der DB), die Bayerische Oberlandbahn beispielsweise begleiten ihre Züge, besetzen die Fahrkartenschalter und meinen, das nütze dem Umsatz. Vermutlich stehen diese Bahnen noch unter der Leitung ausgebildeter Eisenbahner, und sie sind resistent gegen »namhafte Berater«.

3. Güterverkehr – Cargo – Railion: neue Namen – neuer Inhalt?

Ein alter Eisenbahner, der sich einst in leitender Position befunden hatte, und als Pensionär aufmerksam die Bahnhöfe betrachtete, sagte einmal verwundert zu mir: »*Immer hat der Güterverkehr das Geld gebracht, der Personenverkehr war das Zuschussgeschäft. Ich kann nicht glauben, dass die Deutsche Bahn mit so wenig Güterverkehr auf einen grünen Zweig kommt.*« Er sah in seiner thüringischen Heimat die Lkw-Kolonnen, die zugewachsenen Gleise und kaum noch Güterwagen auf den Bahnhöfen. Was er nicht sah: Bahnhöfe und Strecken, die vom Güterverkehr beherrscht werden. Solche wurden immer weniger. War das gewollt?

Bis 1997 hatte sich die Deutsche Bahn des lästigen Stückgutverkehrs entledigt. Er und das Personal wurden zu der neuen Gesellschaft Bahn-Trans abgeschoben, einer Spedition, die aus Thyssen-Haniel hervorgegangen war und nicht gerade für Freundlichkeit gegenüber der Bahn bekannt war. Noch plagte die Bahnvorstände ein schlechtes Gewissen. Sie schworen, 75 Prozent des abgetretenen Stückgutverkehrs werde weiter auf dem Schienenweg transportiert. Geprüft und abgerechnet wurde das nie.

■ 218 416 und 218 404 vor einem Eurocity in München-Aubing (28. April 2003). Neben dem Zug ist das Anschlussgleis gekappt.
Foto: Weimer

■ Für manche rentiert sich der Kurzzug. In München-Olching am 11. Juni 2003 der Austria-Ecco
Foto: Weimer

Die Güterabfertigungen verwaisten, einige Güterschuppen fanden neue Mieter, die qualifizierten Eisenbahner verschwanden irgendwohin. Schon kann sich kaum noch jemand erinnern, dass die Eisenbahn einmal der wichtigste Transporteur von Stückgut war.

Der nächste Eingriff in den Güterverkehr kam mit dem Schlagwort MORA C, hinter dem sich das »Marktorientierte Angebot Cargo« versteckt. Versteckt, weil es keineswegs um ein Angebot, sondern um den Wegfall von Güterverkehr ging. MORA C war die Antwort der

■ Die unterschiedlichsten Begründungen gibt es, warum der Cargo-Sprinter kurz nach der Geburt seinen Geist aufgab. DB-Cargo hatte mit den Einzelwagen ohnehin nicht viel im Sinn.

Manager auf das Programm »Fokus«, in dem jeder seinen Beitrag zur Sanierung, sprich: Rentabilität der Deutschen Bahn zu leisten und vor allem Erfolg nachzuweisen hatte.

Wieso sollte der Güterverkehrsvorstand noch den Wagenladungsverkehr dulden, der viel kostete? Die Traditionalisten unter den älteren Eisenbahnern argumentierten, der Wagenladungsverkehr werde benötigt, weil er, wie in der Natur viele Bäche den Strom, bei uns auch das Ganzzugprogramm speist. Wir gleichen den Verlust eines kleinen Segments (1/25tel vom Gesamtgüterverkehr) mit dem Gewinn eines anderen, viel größeren aus. Solche Worte lösten vermutlich im Konzernvorstand nur ein Kopfschütteln aus. Gefragt waren Gewinn und nicht Verlust.

Die Kosten des Einzelwagenverkehrs waren in Extremfällen nicht einmal zur Hälfte gedeckt, die Fracht reichte nicht für die Bezahlung der Bedienungsfahrten aus. Für 20 Prozent der Anschlussbahnen oder kleine Bahnhöfe kam ein Wagen in der Woche, für 65 Prozent kamen täglich einer, für 85 Prozent täglich zwei Wagen auf, und dann mussten noch weite Bedienungsfahrten eingelegt werden. Was Projektleiter Dr. Klaus Kremper bei der Propagierung von MORA C nicht sagte: Die Deutsche Bundesbahn hatte die unrentable Bedienung über weite Entfernungen eingeführt, die Deutsche Bahn hatte diesen Aufwand noch gesteigert, indem mittlere Bahnhöfe ihre Funktion als Knotenbahnhof der Güterzugbildung verloren, der Rangierdienst auf wenige Punkte konzentriert wurde. Mehr noch. Kremper forderte auf dem »Servicetag für Führungskräfte« im Juli 2001 in Wiesbaden, den Kunden Wartezeiten bei der Bedienung der Anschlussbahnen zu berechnen. Wie wenig gefragte

■ Rangierbahnhof Engelsdorf (b Leipzig) am 16. August 2001: Nur noch wenige Rangierbahnhöfe sind in Betrieb.

Foto: Reiner Preuß

Ware aus einem Regal genommen und nicht mehr »gelistet« wird, konnte der Auftrag für unrentablen Verkehr nur lauten: Abschaffen! Was noch fehlte, war ein Begriff, der eingängig ist und die Wahrheit verschönt. MORA C, das klingt wie ein von Gott geschaffenes, unumstößliches Gebot.

Keine Erinnerung an alte Zeiten

Da traf es sich gut, dass kein Alt-Eisenbahner mit seinen Erinnerungen an Grundsätze aus alten Zeiten das »Sanierungsprogramm« auszuarbeiten und die Folien zu beschriften hatte, sondern jemand, der vom Flugzeugbau kam und die Staatsbahn als gewöhnlichen Betrieb ansah, in dem es nur um Verlust oder Gewinn geht, nicht um eine volkswirtschaftliche oder dem Gemeinwohl verpflichtete Aufgabe. Dr. Klaus Kremper setzte MORA C um – er reiste durchs Land und ließ keine Zweifel aufkommen. Der Einzelwagenverkehr passte nicht zur Deutschen Bahn. Hunderte Bahnhöfe und Ladestellen wurden gestrichen. Der Güterverkehr wurde unmöglich gemacht, selbst dort, wo ihn die Eisenbahner mit geringem Aufwand fahren wollten. Zum Beispiel die Kurhessenbahn von Frankenberg nach Battenberg.

Allerlei Zahlen wurden genannt, um das Konzept plausibel zu machen. Es sah vor:

- Ein Drittel der Güterverkehrsstellen (= acht Prozent des Gesamtvolumens im Einzelwagenverkehr) werden nicht mehr bedient.
- Vier Prozent des Gesamtumsatzes von DB-Cargo werden aufgegeben.
- Mit Hilfe »alternativer Bedienkonzepte« soll der Verkehr auf den Schienen bleiben, sodass der Umsatzverlust halbiert werden kann.
- Durch »nachhaltige Qualitätssteigerung« (Kremper sagte, die Pünktlichkeit werde »generiert«) wird ein qualitatives Wachstum ausgelöst. Dem Abbau von zwei Prozent des Verkehrs stehen bis zu 15 Prozent Neuverkehre (sic!) gegenüber.

Der Gerechtigkeit halber muss auch der verzerrte Wettbewerb mit dem Lkw genannt werden, warum die Eisenbahn im Einzelwagenverkehr kaum bestehen kann. Der Lkw sei angeblich flexibler, wird gesagt. Tatsächlich bezieht er seine Vorteile auch aus Verstößen gegen gesetzliche Vorschriften und Verordnungen wie Überschreiten der Lenkzeiten und der Höchstgeschwindigkeit auf Autobahnen, Übertreten von Parkverboten, Vernachlässigung des technischen Zustandes und seiner Überprüfung. Fachleute meinen, allein durch die illegale Praktik entstünden beim Lkw Kostenvorteile von acht Prozent. [18]

Was MORA C der Deutschen Bahn zum Schluss gebracht hat, wurde nicht detailliert bekanntgegeben, geht auch aus den Geschäftsberichten nicht schlüssig hervor. Einer dürftigen Hausmitteilung war zu entnehmen, es gäbe noch 1400 Güterverkehrsstellen und rund 4000 Gleisanschlüsse. Zum Ergebnis im Geschäftsjahr 2001 kommentierte DB-Cargo: *»Im Zuge der Verschlankung durch MORA C hatte sich DB-Cargo von rund zwei Prozent unrentablem Umsatz verabschiedet.«* War das nun viel oder wenig?

Viele der traditionellen Kunden, die ihren innerbetrieblichen Transport auf den Empfang und Versand der Güter mit der Eisenbahn eingestellt hatten, ärgerten sich, in welcher Weise man ihnen die jüngste Rationalisierungsmaßnahme nahe brachte. Schrotthändler können ihr Gut nicht in als Alternative genannte Container packen. Weinbrand Wilthen zum Bei-

■ Scheint sich zu lohnen: werktags je fünf Schiebewandwagen mit Porsche-Pkw von Kornwestheim nach Emden zum Schiff (2001). Foto: DB/Kranert

spiel bezog, solange es die Schnappsbrennerei gab, den Rohstoff Wein in Kesselwagen aus Frankreich und Italien. Der sollte nun per Lkw kommen? Nicht wie man Kunden behielt, stand bei DB-Cargo im Vordergrund, sondern die Erfüllung des Plansolls Wegfall der Bedienung (dabei holten die Kunden ihre Wagen meist selbst vom Bahnhof).

Fast immer mussten sich die Kunden selbst einen Weg suchen, wenn sie beim Bahntransport bleiben wollten. So sprang die Württembergische Eisenbahn-Gesellschaft, Tochtergesellschaft der Connex-Gruppe, ein, um der Saint-Gobain Oberland AG die Rohstoffe zu bringen – statt 1700 Lkw-Transporte im Jahr. ITL Dresden und andere Unternehmen nahmen sich der Kunden an, sodass DB-Cargo verunsichert wurde, wieso sich für diese Eisenbahngesellschaften der Einzelwagenverkehr lohnte und für sie nicht. MORA C wurde nicht, wie beabsichtigt, bis 2004 fortgesetzt.

Der Einzelwagen[1] war bei DB-Cargo dann doch wieder etwas wert. Ganz ist er nicht verschwunden. Im September 2003 wurde das »Produktportfolio« durch zwei neue Einzelwagen-Produkte komplettiert. Sie heißen – welch schöne Begriffe einer deutschen Eisenbahn – »Classic« und »Quality«, also nicht mehr wie zu Großvaters Zeiten Fracht oder Eilgut. *»›Quality‹ zeichnet sich durch eine hohe Zuverlässigkeit und verbindliche Transportdauerzusage aus«*, sagte DB-Cargo. Das hatten die Kunden im Schienenverkehr vermisst.

---

1 Der Begriff suggeriert, es gehe nur um einzelne Wagen. Tatsächlich umfasst er den gesamten Verkehr außer geschlossene Züge (Ganzzüge).

Die Vorrangwagen »Quality« werden bisher nur innerhalb Deutschlands und nur auf einigen Strecken angeboten.

Das Geschäft sah DB-Cargo bei den Massengütern. Andere Eisenbahnunternehmen aber auch. Sie erbringen mit eigenen oder gemieteten Lokomotiven und eigenem Personal sechs Prozent der Verkehrsleistung im Schienengüterverkehr. Zum Beispiel fährt »Hafen und Güterverkehr Köln HGK« jährlich vier Millionen Tonnen Kohlen und Mineralöl. Der Deutschen Bahn bleibt dann nur die Trassengebühr. Wer keinen Zirkus mehr fahren wollte oder solche traditionellen Eisenbahntransporte nur noch lustlos abwickelte, wem die Zuckerrübentransporte nicht mehr in den Kram passten, weil sie zur Kampagne zu organisieren waren, der musste nun hinnehmen, dass andere Transporteure antraten und die fetten Happen vom Teller nahmen.

Ihre Vormacht im Schienengüterverkehr möchte die Deutsche Bahn aber nicht verlieren. Für Ganzzüge reagierte sie auf die zunehmende Konkurrenz privater Anbieter mit einer »Produktoffensive«, indem sie die »verständlichen« Begriffe Plantrain, Variotrain und Flextrain einführte. Zumindest mit einem Teil der Transporte versprach sie 2002 Zuverlässigkeit und ein Güterverfolgungsprogramm. Sie passte sich dem umstrittenen Prinzip des »just in time« an.

Mängel beim Kombiverkehr

Die mangelhafte Qualität wurde von potenziellen Bahnkunden ins Feld geführt, warum sie sich dem Straßenverkehr zuwandten. Auf den Kombinierten Verkehr verzichteten 2003 DTC Nürnberg, Emons Köln, Südkraft München und die Hamburger Bursped-Gruppe. Letztere listete die Verspätungen und ihre Ursachen der in Hamburg-Billwerder ankommenden und abfahrenden Züge vom 1. bis 13. November 2003 auf:

- 1. November nach München-Riem und Nürnberg je fünf Stunden wegen Streckenunterbrechung, nach Kornwestheim 24 Stunden, weil es an Kapazität (Lokomotive?) zur Weiterführung mangelte;
- 4. November nach München-Riem drei Stunden wegen Lokomotivführermangels, nach Kornwestheim und Nürnberg je zwei Stunden wegen Streckenüberlastung;
- 5. November nach München Riem eine Stunde wegen Bauarbeiten in Celle und Lokomotivschadens in Sinntal;
- 6. November nach München-Riem zwei Stunden wegen Streckenunterbrechung und Weichenstörung in Winsen (Luhe), von München-Riem drei Stunden wegen Kranausfalls in München;
- 7. November von Nürnberg vier Stunden wegen Lokomotivschadens in Fürth (Bay), nach München-Riem drei Stunden wegen Schmierfilmbildung und Warten auf Lokomotivführer, von München-Riem 1,5 Stunden wegen Überlastung der Strecke;
- 11. November nach München-Riem drei Stunden wegen Schmierfilmbildung und Zugfolge, von Nürnberg 7 Stunden wegen Lokomotivführermangels;
- 12. November nach München-Riem drei Stunden wegen Überlastung der Strecke;
- 13. November nach München-Riem zwei Stunden wegen Überlastung der Strecke.

Auf der rechtsrheinischen Seite dominiert der Güterzugverkehr. Mehrsystemlokomotive 189 010 bei Braubach. Foto: DB/Spielhofen

Bauarbeiten und der absolute Vorrang des Personenverkehrs seien Schuld an dieser Misere, waren die Erklärungen von DB-Cargo und der Kombiverkehr KG, eine hundertprozentige Tochtergesellschaft der DB. Wirklich? Auch der Lokomotivführermangel? Wird mit der Begründung »Überlastung der Strecke« Ursache und Wirkung verwechselt? Mehr dazu im 4. Kapitel.

Aus DB-Cargo wurde der Kunstname Railion, der »Schienencarrier« der Deutschen Bahn. Foto: Emersleben

Eines ist sicher: Der Marktanteil des Schienengüterverkehrs sank in den letzten zehn Jahren von über 20 Prozent auf weniger als 15 Prozent. Er hat sich noch schlechter entwickelt, als 1997 in einem »worst-case-Szenario« (Annahme des ungünstigsten Zustandes) für den Bundesverkehrswegeplan 2003 angenommen worden war. Dagegen nahm der Straßengüterverkehr mit einem Anteil von 64,3 Prozent 1991 auf 72,2 Prozent 2002 zu. Eine Verlagerung des Straßengüterverkehrs zum Schienenweg fand nicht statt. In der Summe kam es auch nicht zu

■ Die Deutsche Bahn holte sich die frühere Bundesbahn-Spedition Schenker für viel Geld zurück.
Foto: DB/Schmid

dem von Dr. Kremper prophezeiten »Neuverkehr«. Die Begründung der Deutschen Bahn, »konjunkturelle Rahmenbedingungen« hätten die Zunahme des Eisenbahngüterverkehrs nicht zugelassen, trifft nicht zu. Was dann?

Als ein Mangel wird die Beschränkung des Eisenbahngüterverkehrs auf die Funktion des Transporteurs angesehen, weil es der Deutschen Bahn am so genannten Vertrieb mangelte. Sie konnte den Kunden keine »maßgeschneiderte Lösungen« für ihren Empfang oder Versand anbieten. Der Verkauf der bahneigenen Spedition Schenker 1991, als Dürr Vorstandsvorsitzer der Deutschen Bundesbahn war, erwies sich als Fehlschlag. Bernd Malmström, Vorstandsvorsitzender von DB-Cargo seit 2000, soll dem Konzernvorstand den Rückkauf dieser Spedition und mit ihr der Stinnes AG schmackhaft gemacht haben. Im Sommer 2002 unterbreitete der Aufsichtsrat den Stinnes-Aktionären ein Übernahmeangebot, ein Jahr später war das Geschäft perfekt. Sehr teuer. Dafür erhielt die Deutsche Bahn die Spedition, europäische Vertriebsstrukturen und sichert der Spedition Schenker die Rückladungen. Bernd Malmström nannte während eines so genannten Stinnes-Tages beim Konzerntreff (die Reichsbahner kennen so etwas von früher als Parteiaktivtagung) im Juni 2004 in Hannover den dritten Grund für den Rückkauf: *»Schenker liefert der Deutschen Bahn auf dem Weg an die Börse eine überzeugende Story.«*

Der Güterverkehr füllt nun die Kasse der Deutschen Bahn. Der frühere Vorstand für Planung und Steuerung der Deutschen Bundesbahn, Wilhelm Pällmann, meinte dazu, die Deutsche Bahn habe sich mit Stinnes/Schenker den Treiber ins Haus geholt. Die Spediteure müssten die Eisenbahnen zum Güterverkehr im europäischen Maßstab treiben und Maßstäbe für die Benutzung des Schienenweges setzen, besonders für den Containerverkehr in Ganzzügen. Das gelingt noch nicht, die Schenker-Mitarbeiter sehen noch nicht ein, warum sie einen Teil des Gutes an die Eisenbahn abtreten sollen. Was da gärt, kann man Malmströms Rotwelsch nur unzureichend entnehmen: »*Wir müssen Kundenentwicklungspläne erstellen sowie Cross-Selling-Potenziale identifizieren, zumal Schenker wie gewohnt eine hervorragende Performance zeigt.*« So spricht jemand, der nicht verstanden werden will.

Die Stinnes AG ist seit 1. September 2003 die Dachgesellschaft für den Transport und die Logistik der Deutschen Bahn, zu der die vier Geschäftsfelder Freight Logistics (Vertrieb für Massengüter), Intermodal für den Kombinierten Verkehr, Schenker für verpackte Waren und Railion für den Eisenbahntransport gehören. Railion – das war nicht nur die Umbenennung von DB-Cargo, sondern die Zuweisung einer neuen Rolle im Güterverkehr der Deutschen Bahn. Der ist nicht mehr nur auf den Schienenweg beschränkt, sondern nutzt alle Verkehrswege, wie die fast täglich ausgesandten Erfolgsmeldungen auch von kuriosen Transporten (Kies aus dem arabischen Emiraten, einen Dinosaurier ins Museum, oder das Instrument für einen Star) bezeugen.

Railion ist der Transporteur und Railog steht für Vertrieb und Logistik – das, was man früher den Abfertigungsdienst nannte. Railion muss innerhalb der Stinnes AG um seinen Platz kämpfen. Der Kunde kann sich aus den Programm der vier Geschäftsfelder das Passende suchen. Das muss nicht der Schienenverkehr von Railion sein.

Grenzüberschreitend und international

Zunehmend drängt Railion auf Internationalisierung. Am 1. Januar 2002 wurde zu der bestehenden Aktiengesellschaft mit Sitz in Mainz die Railion GmbH gegründet, zu der DB-

Die erste im Werk Cottbus für den Einsatz auf holländischen Strecken umgebaute Lokomotive (2002).

Cargo gehörte, in Utrecht die Railion Benelux, in Kopenhagen die Railion Denmark. An der Railion hielten die Deutsche Bahn 92 Prozent, die Niederländische Eisenbahn NS sechs Prozent und die Dänischen Staatsbahnen DSB zwei Prozent der Anteile.

Bei der Railion Deutschland AG blieb die Vorhaltung der Güterwagen auch für Dänemark und Holland. Im Werk Cottbus wurden Diesellokomotiven der Baureihe 232 für den Einsatz auf holländischen Strecken umgebaut, um dort die wenigen der Baureihe 1600 abzulösen.

55 Prozent des Umsatzes erlösen DB-Cargo bzw. Railion Deutschland durch grenzüberschreitenden Güterverkehr. Der Nord-Süd-Verkehr durch die Schweiz verspricht besonders lukrativ zu sein. Deshalb kooperiert Railion mit einer Beteiligung von 20 Prozent an der BLS-Cargo und Trenitalia, organisiert wöchentlich 250 Züge über die Lötschbergstrecke und 80 Züge über die Gotthardstrecke nach Chiasso. 65 Lokomotiven der Baureihe 185 wurden mit dem Zugsicherungssystem der Schweizerischen Bundesbahnen ausgestattet. BLS-Cargo fährt mit seinen Lokomotiven bis Mannheim Rbf.

Seit Juni 2004 ist Railion mit 95 Prozent an der italienischen Eisenbahngesellschaft Strade Ferrate del Mediterraneo (SFM) beteiligt und besitzt dadurch eine »Produktionsgesellschaft« in Nordwest-Italien.

Die Ausweitung der selbst gefahrenen Güterzüge ist keine einseitige Angelegenheit. Nachdem die Gütergesellschaft der Schweizerischen Bundesbahnen (SBB), SBB-Cargo, mit ihrer Allianz mit der Güterverkehrsgesellschaft der Italienischen Staatsbahnen, FS-Cargo,

■ Railion besitzt auch Reisezugwagen. In grau mit grünen Türen für Güterzüge, die begleitet werden, zum Beispiel die für die Bundeswehr. In Leipzig Hbf (2004). Foto: Uhlenhut

Ein 500 m langer Testgüterzug nach Mannheim Rbf–Köln Eifeltor steht am 9. Mai 2004 auf dem Bahnhof Istanbul-Halkali bereit. Siemens schickte seine Mehrsystemslokomotive durch alle Länder; vor den Güterwagen sind die Begleiterwagen eingestellt. Foto: Railion

Schiffbruch erlitt (»Die streiken so viel!«), versuchte SBB-Cargo im deutschen Güterverkehr mitzumischen. Sie gründete mit der Eisenbahngesellschaft Häfen und Güterverkehr Köln und der Spedition Hupac eine Allianz, Swiss-Rail-Cargo Köln genannt. Nun jagt man sich Verkehrsanteile ab, ohne dass dadurch der Schienenverkehr erweitert wird. Andere können das auch. Die Bahngesellschaften stehen allerdings nicht im Wettbewerb mit dem Straßengüterverkehr, sondern untereinander. Hinzu kommen Bösartigkeiten, zum Beispiel dass die SBB Lokomotivhilfe nur für »eigene Züge« gewähren oder drohen, man werde Lokomotivführer nach deutschem Tarif durch die Schweiz fahren lassen, sobald Railion Deutschland ihre weniger gut bezahlten Lokomotivführer auf die Gotthardt- oder Lötschbergbahn schickt.

Mit 30,7 Prozent Anteilen kaufte sich Railion am 19. Januar 2004 beim italienischen Eisenbahnunternehmen Rail-Traction-Company ein, und von Mannheim Rbf fahren nun auch durchgehende Züge nach Metz in Frankreich. Seit 3. Mai 2004 verkehren wöchentlich 20 Railion-Güterzüge mit der Lokomotiv-Baureihe 185 auf den deutschen, schweizerischen und österreichischen Strecken Kornwestheim Rbf–Singen (Hohentwiel)–St. Margrethen–Wolfurt.

Die Deutsche Bahn möchte das Hauptargument der Spediteure widerlegen, die Grenzaufenthalte und die unterschiedlichen Strom- und Sicherheitssysteme der europäischen Eisenbahnen behinderten den grenzüberschreitenden Güterverkehr. Attraktiv sei allein der Lkw, der immer und überall fahren könne. Sie veranstaltete ein Experiment, das vermutlich bei einem Besuch des Bundeskanzlers Schröder in der Türkei ausgelöst wurde. Er hatte Mehdorn mitgenommen, der bei dieser Reise Kontakte mit Süleyman Karaman, dem Generaldirektor der türkischen Eisenbahn TCDD, knüpfte.

■ Hartmut Mehdorn, Vorstandsvorsitzender der Deutschen Bahn AG (links), und Süleyman Karaman, Generaldirektor der türkischen Eisenbahn TCDD (2. von links), hören sich am 9. Mai 2004 auf dem Bahnhof Istanbul-Halkali die Ansprachen an, ehe der Güterzug zur 100-Stunden-Fahrt nach Mannheim Rbf abfährt.
Foto: Railion

Am 14. Mai 2004 traf nach 3000 km langer Fahrt in Mannheim Rbf der »Asien-Europa-Express« mit einer Lokomotive der Baureihe 189 aus Istanbul-Halkali ein, rund 20 Stunden früher als geplant. Er war zwar nicht in Asien abgefahren, aber allein die Organisation der Fahrpläne bewirkt mehr als der herausgehobene Umstand, statt der geplanten 100 Stunden nur 80 Stunden benötigt zu haben. Ein Lkw, so erklärt es die DB-Pressemitteilung, wäre auf dieser Entfernung sechs Tage unterwegs gewesen.

Der Testzug warb für ein Siemens-Produkt, die Lokomotive. Sie benötigte allerdings auf den nicht elektrifizierten Strecken Dieselvorspann, erhielt ihn auch dort, wie in Rumänien, wo die Lokomotive noch nicht zugelassen war. Das Spektakel mit dem Asien-Europa-Express ergab, dass die Eisenbahnverwaltungen mehr ihre nationalen Interessen vertreten als den internationalen Güterverkehr, der besonders der Versand- und Empfangsbahn nützt. Die Abstimmung der Fahrpläne beanspruchte zwei Wochen! Fachleute machen darauf aufmerksam, dass Lokdurch- und Loklangläufe zwar spektakulär, wenn auch teuer sind, weil für das jeweilige Netz nicht benötigte Technik mitgeschleppt werden muss. Die Viersystemlokomotive der Baureihe 189 kostet 2,6 Millionen Euro und ist damit 20 Prozent teurer als die Zweisystemlokomotive der Baureihe 185. Im Regelverkehr ist in der Verbindung Türkei–Deutschland ohnehin der Lokomotivwechsel an den Grenzen vorgesehen.

Für die Medien ist die Parole griffig, wie gut es wäre, die Lokomotiven von Berlin bis Paris oder von Köln nach Istanbul ohne Grenzaufenthalt fahren zu lassen. Als Nachteil wird aufgezählt, was der Eisenbahngüterverkehr über Ländergrenzen unter anderem zu erwarten hat:

1. Technische Hemmnisse
vier verschiedene Stromsysteme
unterschiedliche Signalsysteme
unterschiedliche Lichtraumprofile
unterschiedliche Transitionssysteme

2. Ungleiche Zugangsbedingungen
technische Sicherheitserfordernisse
Lizenzgewährung
Fahrzeugzulassung
Trassenbenutzungsgebühren

3. Grenzbedingte Ablaufstörungen
Lokomotiv- und Lokomotivführerwechsel
Bremsprobe
Wagenuntersuchung
Prüfung und Übergabe der Frachtdokumente
Zoll- und Gefahrgutformalitäten

4. Unzureichende Kooperationsbereitschaft
Fahrplangestaltung und Ressourceneinsatz
Infrastrukturausbau
Informationssysteme
Angebotskoordination und Vermarktung.

Ein Teil dieser Hindernisse betrifft den Güterwagen und die Fracht. Wieso man diese mit der Europa-Lokomotive überwinden möchte und dann Martin Kornau, Leiter Triebfahrzeuge Railion, jammert: *»Die Mehrfrequenzlok entwickelt sich zum Spielball der Bürokraten«,* ist unklar. Die Schwierigkeiten bei der Zulassung der Lokomotiven mögen allenfalls für den grenzüberschreitenden Verkehr bzw. bis zum nächsten Lokomotivwechsel-Bahnhof gelten. Die »freie Fahrt durch den Kontinent«, von der Kornau träumt, beschleunigt den internationalen Schienenverkehr nicht. Ein Lokomotiv- und Personalwechsel mit 15 Minuten Aufenthalt auf dem Grenzbahnhof oder dem nächsten geeigneten Bahnhof bei der Nachbarbahn wiegt nicht, wenn der Fahrplan für den Rest der Strecken knapp gehalten wird. Das müsste der Eifer der beteiligten Eisenbahnen und der administrativen Stellen (Zoll- und Grenzbehörden) bewirken. Die an den Grenzen wechselnden Strom-, Signal- und Zugbeeinflussungssysteme, Sprachen und Grundsätze der Betriebsführung spielen dann kaum eine Rolle. Ohnehin muss nach einer gewissen Dienstzeit der Lokomotivführer ausgewechselt werden, warum nicht auch die Lokomotive? Sie schleppt ja nicht wie der Lkw das Gut auf ihrem Fahrzeug, sondern ist lediglich der Antrieb der Transportgefäße. Entscheidend ist, dass die Güterwagen nicht aufgehalten werden. Insofern sind die Diskussionen und auch Entscheidungen zu Lokomotiven für alle Streckennetze irrational. Wer herausposaunt, Lokomotivführer sollten von Berlin bis Paris fahren, verkennt, dass es auch im nationalen Streckennetz den Lokomotiv- und Personalwechsel gibt, und er hat sicherlich das System Eisenbahn nicht verstanden.

Tod eines Reeders

Im Norden, im Güterverkehr auf der Ostsee, heißt der Marktführer unter den Reedereien Scandlines (16 Linien, rund 20 Millionen Passagiere, Reingewinn 63,1 Millionen Euro). Gestört wurden die Erfolge durch die Reibereien in dem zu gleichen Teilen dänisch-deutschen Unternehmen. Es war auf deutscher Seite aus der Deutschen Fährgesellschaft Ostsee hervorgegangen, die wiederum einige Zeit zuvor aus der Vogelfluglinie (Deutsche Bundesbahn) sowie dem Fährschiffamt Saßnitz (Deutsche Reichsbahn) entstanden war.

Dass es bei Scandlines nicht zu einer harmonischen Zusammenarbeit kam, soll an der unterschiedlichen Unternehmenskultur gelegen haben, hauptsächlich an dem Streit um die Vorrangstellung. Ursprünglich hatte man die Synergieeffekte herausgestrichen, die in diesem globalen Unternehmen entstehen sollten. Auf der *Prins Joachim* wagte man sogar, eine

■ In Rostock wird am 12. Dezember 2001 eine Lokomotive für die schwedische Erzbahn auf das Scandlines-Fährschiff Mecklenburg-Vorpommern geschoben.

gemischte Besatzung zu bilden, doch in den Vorstandszimmern vertrug man sich nicht. Die Deutsche Bahn setzt auf Wirtschaftlichkeit, im dänischen Transportministerium geht es mehr um das Prestige im Fährverkehr. Dort wollen die Dänen die größten sein, die Deutschen wiederum vertragen es nicht, wenn andere bestimmen.

Als am 31. Dezember 2001 Stefan Säuberlich, der Deutsche im Vorstand und für Finanzen zuständig, sein Mandat niederlegte, stand in der Pressemitteilung kein Dank, sondern nur ein Satz: *»Zur Begründung führen beide Seiten unterschiedliche Auffassungen in der Geschäftspolitik aus.«* Egal, wen die Deutsche Bahn als Säuberlichs Nachfolger vorstellte, keiner der Dänen hob die Hand für ihn. Die Deutsche Bahn musste das Amtsgericht Rostock bemühen, damit Axel Bertram, er kam vom Flughafen Dresden-Klotzsche, sich auf den Vorstandssessel setzen konnte.

Nie verstummen die Gerüchte, die Deutsche Bahn werde ihre Anteile an Scandlines verkaufen. Zum 1. Januar 2003 sollte Scandlines aufgelöst werden. Dazu kam es nicht, obwohl DB-Cargo die Beteiligung an der Reederei ein Klotz am Bein ist. Die Züge nach Russland und dem Baltikum werden nicht zum 1986 eröffneten Fährhafen Mukran gelenkt, sondern zum Bahnhof Brest. Zwischen Rostock und Sassnitz einerseits und Trelleborg andererseits wird im Eisenbahngüterverkehr noch nicht einmal die Hälfte des angesetzten Budgets trajektiert. Der fette Bissen ist die Fähre Puttgarden–Rødby, wo man jährlich 100.000 Fahrzeuge trajektieren müsste, wenn es keinen Verlust geben soll.

Die Dänen lenken den Güterwagenstrom auf die feste Querung des Store Belt, damit sich die Brücke bezahlt macht. Derzeit scheint die Deutsche Bahn unentschlossen zu sein, was sie mit Scandlines anstellen soll. Ein tragischer Höhepunkt in diesem Gegeneinander war der Tod Ole Rendbæks. Der Geschäftsführer mit Visionen, der sich auch für die Wiederaufnahme einer Direktverbindung Berlin–Kopenhagen einsetzte, sollte zum 31. Dezember 2003 Scandlines verlassen. »Auf eigenem Wunsch« hieß es zwar am 10. Oktober 2003, doch zum Jahresende ging der deutsche Partner, Finanzvorstand Axel Bertram, ebenfalls »auf eigenen Wunsch« von Bord.

Interimistische Nachfolger seit 1. Januar 2004 wurden Erik Østergaard aus Dänemark und Andreas Lübs aus Deutschland. Rendbæk verschwand kurz vor Weihnachten 2003. Sein Pkw stand auf der Öresundbrücke, jenem Bauwerk, das den Fährverbindungen der Ostsee schwer zusetzt. Die nächste feste Querung – über den Fehmarnbelt – wurde zwischen Dänemark und Deutschland im Sommer 2004 vereinbart. Rendbæk war ein entschiedener Gegner der Brücke über den Fehmarnbelt. Renbæk blieb verschollen. Hatte er den Freitod gewählt?

4. Vereint oder getrennt: Wem gehört das Schienennetz?

Das Gleisnetz war nach Meinung von Heinz Dürr »der größte Aktivposten der Bahn«. Damals hatte es eine Ausdehnung von mehr als 40.000 km, Ende 2003 war es – obendrein saldiert! – auf 35.803 km geschrumpft. Die Stellwerke, Gleise, Weichen, Gebäude und anderen Einrichtungen, die für den Eisenbahnbetrieb benötigt werden, fasst die Deutsche Bahn unter dem Sammelbegriff Infrastruktur zusammen. Diese wird von der Aktiengesellschaft Netz verwaltet. Sie ist in die Ressorts Marketing und Vertrieb, Betrieb, Instandsetzung/Bahnbau (seit 1. Januar 2004 nur noch Instandsetzung), Personal sowie Finanzen und Controlling gegliedert. Der Vorsitzende des Vorstands, Roland Heinisch, ist zugleich ein Vorstand der Konzernleitung.

■ Signalgruppe in München-Laim Rbf (2002). Eigentlich sollte es den Bahnhof schon seit Jahren nicht mehr geben. Foto: Weimer

Anzahl der Eisenbahnunternehmen im Verband Deutscher Verkehrsunternehmen (VDV) nach [22]

Art	1993	1994	1995	1996	1997	1998	1999	2000	2001	2002
Güterverkehr nichtöffentlich	104	99	85	81	76					
Güterverkehr öffentlich	77	76	75	75	78	143	148	152	137	150
Personenverkehr	24	24	23	30	32	46	48	52	51	52

Die Netz Aktiengesellschaft tritt gegenüber den rund 300 Eisenbahnverkehrsunternehmen, aber auch gegenüber den Tochtergesellschaften Personenverkehr und Railion als Dienstleister auf und lässt sich die Benutzung der Trassen und andere Dienstleistungen bezahlen. Bei Kosten von jährlich rund sieben bis acht Milliarden Euro nimmt sie zwischen drei und vier Milliarden Euro ein. Etwa 90 Prozent entfallen auf Trassenerlöse (drei Viertel aus dem Personenverkehr bzw. zwei Drittel aus dem Nahverkehr), der Rest auf Vermietung und Verpachtung von Rangier- und Abstellanlagen.

Eisenbahnverkehrsunternehmen außerhalb der Deutschen Bahn (hier Externe oder Dritte genannt) sind mit 100 Millionen Euro am Umsatz beteiligt. Das ist nicht viel, auch wenn die Deutsche Bahn und ihr Wettbewerbsbeauftragter immer auf die große Zahl solcher Unternehmen hinweisen (siehe Tabelle 2 Seite 148 im Anhang), zumal einige dieser »Wettbewerber« nur über eine eigene Infrastruktur verfügen, also den DB-Zügen keine Konkurrenz machen. Auch Werk-, Schmalspur-, Hafen- und Museumsbahnen sind keine ernst zu nehmenden Wettbewerber. Die Großkunden von DB-Netz sind die drei Tochtergesellschaf-

»Taigatrommel« 120 007 von ITL in Dresden Mitte (2002).

In Zittau am 8. Februar 2003: links die zu Connex gehörende Lausitzbahn, rechts die Sächsisch-Böhmische Eisenbahn. Letztere befährt die von der Deutschen Bahn vernachlässigte Strecke Mittelherwigsdorf–Seifhennersdorf–Eibau.

ten des Personen- und Güterverkehrs der Deutschen Bahn. Davon hat lediglich DB-Cargo mit einer Vielzahl von Wettbewerbern zu rechnen, die sich unter anderem BASF, EKO, ITL, Prignitzer Eisenbahn, RSE/Hoyer Rail nennen. DB-Regio steht ebenfalls einer Vielzahl von Wettbewerbern gegenüber, wobei sich viele dieser Bahnen in einem Beziehungsgeflecht mit dem französischen Unternehmen Connex befinden, das viel dichter ist als es von den Eisenbahnern und der Öffentlichkeit wahrgenommen wird. Im Personenfernverkehr konnte sich schon wegen der fehlenden Stützung durch die Länder und dem fehlenden Vertrieb (DB-Personenverkehr weigert sich, Fahrausweise anderer Anbieter zu verkaufen) keine nennenswerte Konkurrenz herausbilden. Der parallele Aufbau eigener Vertriebssysteme ist für neue Anbieter aufwändig, er entzieht auch dem DB-Verkaufssystem den Umsatz. An dem scheint die Deutsche Bahn, die ohnehin den »personenbedienten Fahrkartenverkauf« einschränkt, nicht interessiert zu sein. So verwundert es nicht, wenn von Dritten der Fernverkehr lediglich aus drei Verbindungen besteht, der Nachtzug Berlin–Malmö der George Verkehrsgesellschaft, die X-Züge Gera–Berlin–Rostock und (Liberec–Zittau–)Cottbus–Berlin–Stralsund–Binz von Connex. Die am 6. Juni 2003 aufgenommene Fernzugverbindung Köln–Kassel–Rostock musste wegen mangelnder Nachfrage eingestellt werden.[1]

Betrachtet man das DB-Netz als eigenständige Aktiengesellschaft, könnte es ihr egal sein, ob und wie sich die Eisenbahnunternehmen verdrängen. Wichtig ist, dass die Anlagen genutzt werden und dass sie bereitstehen. Der Zugang zum Schienennetz ist für alle möglich,

1 Die Alex-Züge von Euro-Thurbo sind kein Ersatz für die vorherigen Interregio- und Intercity-Fernzüge, da sie nur zwischen München und Oberstdorf als Nahverkehrszüge eingesetzt werden.

aber die Deutsche Bahn blieb der Monopolist. Die Doppelrolle des DB-Konzerns, einerseits über das Schienennetz zu verfügen und über seine Tochtergesellschaft zugleich Dienstleister für Dritte zu sein, führt zu einer anhaltenden Debatte, bis zur Forderung, das Netz vom Konzern zu trennen, es als staatliche Vorhaltung einzurichten. Nur so könne es wirklich Wettbewerb auf Schienen geben. Denn, so lautet ein Vorwurf, die Deutsche Bahn sei in der Lage, ihre Kunden, die zugleich Wettbewerber ihrer Tochtergesellschaften Fernverkehr, Regio und Railion sind, zu diskriminieren. Skandalöse Beispiele sind nicht bekannt geworden. Vielleicht halten die Betroffenen sich mit derartigen Veröffentlichungen zurück, weil sie die Kooperation benötigen. Pällmann meinte: *»Entscheidend ist nicht, ob im Einzelfall tatsächlich diskriminiert wird – das Vorhandensein des Potenzials dazu ist entscheidend.«* [22]

Wir lassen uns nicht unter Druck setzen

Einiges gelangte doch an die Öffentlichkeit. So zum Beispiel die Beschwerden Dritter beim Bundeskartellamt, weil ein Betreiber elektrischer Lokomotiven den Strom nicht von DB-Energie, sondern von einem anderen Energiehändler beziehen wollte. Das Argument, warum man sich nicht darauf einlassen könne, war das Inselnetz des 16,7-Hz-Bahnstroms. Strom zu 50 Hz käme nur zur Ausregelung des Netzes in Betracht. Tatsächlich beläuft sich der Anteil an umgeformter und umgerichteter 50-Hz-Energie am Bahnstrom auf immerhin 15 Prozent, sodass ein Eisenbahnverkehrsunternehmen ohne weiteres diesen Landesstrom beziehen könnte. Die Deutsche Bahn in Gestalt von DB-Energie erklärte eine Binsenweisheit, die aber zu dem Problem nicht passte: *»Die beiden Systeme sind technisch nicht miteinander vergleichbar.«* Hart sagte Andreas P. Meyer, Vorsitzender der Geschäftsführung von DB-Energie: *»Wir lassen uns nicht unter Druck setzen, das Bahnstromnetz überstürzt zu öffnen und unnötige Risiken einzugehen.«* [21]

Schienenprüf-Express am 4. November 2003 in Langwied. Foto: Weimer

■ Nachdem die Deutsche Bahn jahrelang die Unkrautbekämpfung zur Vegetationskontrolle gemacht hat, das heißt, das Unkraut in den Gleisen nicht bekämpfte, fahren nach schüchternen Einwänden der Oberbaufachleute wieder Spritzzüge. In Geisenbrunn (2003).
Foto: Weimer

Publik wurde 2002 ein Streit der Nordwest-Bahn, die zwischen Hannover und Osnabrück Güterzüge fahren wollte, jedoch nicht die gewünschten Fahrplantrassen erhielt. Das Eisenbahn-Bundesamt (als Trassen-Agentur) erließ zwei Bescheide mit Sofortvollzug, nach denen DB-Netz verpflichtet wurde, eine bereits an DB-Cargo zugewiesene Trasse an die Nordwest-Bahn abzugeben sowie die Trassen Hannover–Osnabrück im Höchstpreisverfahren neu zu vergeben. DB-Netz wehrte sich vor dem Verwaltungsgericht Köln, das am 16. Dezember 2002 den Sofortvollzug der Bescheide aussetzte. Der von der Nordwest-Bahn angestrebte Güterverkehr kam nicht zu Stande, auch kein Expressverkehr Osnabrück–Hannover.

Connex wollte 2002 zwischen Köln und Stuttgart Fernverkehrszüge fahren, zumal die Deutsche Bahn durch ihre neue Hochgeschwindigkeitsstrecke Köln–Rhein/Main den Fernverkehr am Rhein ausdünnte. DB-Netz bot Connex auf der Strecke Heidelberg–Duisburg einen Fahrplan an, bei dem die Connex-Züge zwei Stunden länger als die DB-Züge gefahren wären und außerdem mit Verkehrshalten einmal auf der linken, einmal auf der rechten Rheinseite. Connex wollte auf dieses Angebot nicht eingehen.

Die Geschäftsführer von Connex veröffentlichten ihre Erfahrungen auf dem Netz der Deutschen Bahn. [23] Danach funktioniert der Netzzugang für Dritte in technischer Hinsicht. Anfangs bestehende Sicherheitsbedenken hätten sich als gegenstandslos erwiesen. Hemmnisse und Diskriminierungspotenziale befänden sich im organisatorischen und kommerziellen Bereich. Die praktische Zusammenarbeit mit den Stellen von DB-Netz vor Ort sei überwiegend positiv, jedoch »im deutlichen Kontrast zum problematischen Wettbewerbsverhalten« der Deutschen Bahn gegenüber konzernfremden Eisenbahnen. Das habe es auch durch überhöhte Nutzungsentgelte über einen Zeitraum von sieben Jahren gegeben.

Wenn Eisenbahnverkehrsunternehmen »Slots« (früher sagte man Fahrplan dazu) für ihre Züge verwehrt werden, also ihr Trassenkonstruktionsauftrag mit »über RLO nicht fahrbar«,»über KGG auch nicht fahrbar« beantwortet wird, muss das kein schlechter Wille des Trassenmanagements (der Fahrplanabteilung) sein. Es fehlt der Deutschen Bahn an Bahnhofs- und Streckenkapazität. Bereits die Bundesbahn wurde von der Regierung zum betriebswirtschaftlichen Denken angehalten. Deshalb wird, was nichts bringt und nur Kosten verursacht, abgebaut, darunter zehntausende Weichen und Weichenverbindungen in durchgehenden Hauptgleisen. Bei der Modernisierung von Strecken, wie Rostock–Wismar, werden Gleise und Kreuzungsmöglichkeiten für zusätzliche Züge nicht berücksichtigt. Der Betrieb, aber auch der Verkehr wurde im gesamten Netz unflexibel. Es blieb nur das bestehen, wofür sich ein Mieter fand oder was die Tochtergesellschaften der Deutschen Bahn selbst benötigen. Die Anlagen für die Zugbildung (insbesondere die Rangierbahnhöfe), die einmal aus Steuern finanziert wurden, sind ausschließlich auf den Bedarf von Railion gerichtet und an diese DB-Tochtergesellschaft vermietet. Gäbe es nicht die Anlagen der Regionalbahnen, käme noch weniger Güterverkehr auf die Schienen. In der Nähe der Städte ist es schwer geworden, Entladebahnhöfe für Baustofftransporte zu finden. Diese Beschränkung der Infrastruktur ist von den Politikern so gewollt und kann sicherlich nicht als Erfolg der Bahnreform gepriesen werden.

Auch bei der Reduzierung des Personalaufwandes wurde immer nur der Weg der organisatorischen und nicht der technischen Rationalisierung beschritten, weil es an Geld (DB) oder an der technischen Ausstattung (DR) fehlte. Die Investition in die Fernsteuerung hätte sich durch die rapide Personaleinsparung bald amortisiert. So wurde stattdessen die Nacht- bzw. Sonntagsruhe eingeführt, bzw. verlängert, um Stellwerke nicht zu besetzen. Zu einer nennenswerten Fernsteuerung von Strecken kam es bei Bundesbahn und Reichs-

Vier Dampf- und zwei elektrische Lokomotiven sind am 22. April 2004 das Gewicht für die Brückenprüfung in Augsburg-Hochzoll. Immer wieder aufgeschoben, wird nun die Strecke München–Augsburg viergleisig. Foto: Weimer

■ Der Verfall des Netzes ist überall sichtbar, weil es nicht benötigt und nicht gepflegt wird: Gera Süd (2002) …

bahn nicht. Von 1952 bis 1989 ging lediglich auf folgenden Strecken die Fernsteuerung in Betrieb: Nürnberg–Regensburg, Bad Schwartau–Puttgarden, Tuttlingen–Horb, Münster (Westf) Hbf–Werne a d Lippe, Wickede–Meschede, Halle (Saale) Süd–Schkopau, teilweise Dresden-Neustadt–Radebeul West und vorübergehend Rostock–Waren–Neustrelitz.

■ … in Blumberg (b Magdeburg) (2000)

Ständig Stilllegungen

Die Tabelle 3 auf Seite 153 mit dem steten Rückgang der Betriebslänge und die Geschäftlichen Mitteilungen der Deutschen Bahn offenbaren, dass ständig Strecken stillgelegt werden. Den Stilllegungen stehen auch neue Strecken gegenüber, wie die offiziell am 30. November 2001 eröffnete Neubaustrecke Köln-Deutz–Frankfurt (Main) Flughafen[2], die Neubaustrecke Leipzig-Mockau–Leipzig Flughafen–Gröbers (am 15. Dezember 2002 eröffnet), ein Abschnitt Neustadt (Weinstraße)–Limburgerhof (Schifferstädter Kurve genannt) sowie Gleise für den S-Bahn-Betrieb in Frankfurt (Main) und Rhein/Neckar.

Unter den Stilllegungen finden sich auch immer wieder illegale, wie es beim »Sonneberger Netz« praktiziert wurde. Erst auf Druck der Nahverkehrsservicegesellschaft Thüringen wurden die Gleise Eisfeld–Sonneberg–Neuhaus am Rennweg bis zum 15. Dezember 2002 saniert. Der Abschnitt Ernstthal am Rennsteig–Probstzella blieb ohne Zugverkehr. Ähnlich war es mit der Strecke Ilmenau–Schleusingen–Themar, für die kein Zugverkehr bestellt und die daraufhin ohne Verfahren stillgelegt wurde. Die Strecke Freiberg (Sachs)–Holzhau wurde stillgelegt und ging erst am 25. November 2000 wieder in Betrieb, nachdem sie verpachtet und vom neuen Betreiber saniert worden war. Zwischen Garmisch-Partenkirchen und Griesen ruhte der Zugverkehr. Von Wünschendorf nach Werdau und von Bautzen nach Hoyerswerda und auf der Muldentalbahn wurde die Sanierung der Gleise unterlassen, bis die Fahrzeiten den Reisenden unzumutbar wurden. Was blieb? Die Strecken wurden gesperrt und eines Tages stillgelegt. Korbach–Willingen (–Brilon Wald) war seit 1. November 1999 wegen der Schäden an zwei Viadukten gesperrt. Deren Sanierung war angeblich zu teuer. Dann war doch Geld da und ein billigeres Verfahren zur Abdichtung gefunden. Am 14. Dezember 2003 konnte die Kurhessenbahn den Betrieb zwischen Willingen und

---

2 Eine Strecke mit dürftiger Effizienz der Investition: Reisegeschwindigkeit 135 km/h bei 300 km/h zulässiger Geschwindigkeit!

30. Juni 2003: Der Flughafenbahnhof Leipzig und mit ihm ist die neue Strecke Leipzig-Mockau–Gröbers in ganzer Länge eröffnet.

Auch die Oberweißbacher Bergbahn und mit ihr die Flachbahn nach Cursdorf sollten stillgelegt werden. Sie wurden durch das Regio-Netz gerettet (2003).

Korbach wieder aufnehmen. Ähnlich war es zwischen Wolkenstein und Annaberg-Buchholz von 2000 bis 2003. Auf dem Abschnitt Brandenburg–Belzig (Mark) hatten DB-Netz und DB-Regio ohne Mitwirkung des Aufgabenträgers, des Landes Brandenburg, den Zugverkehr am 1. Dezember 2000 eingestellt, obwohl die Strecke befahrbar war. Die Strecke Rastatt–Freudenstadt (Murtalbahn) stand vor dem Zusammenbruch. Saniert wurde sie, weil die AVG Karlsruhe sie pachtete.

Die Beispiele könnten um weitere, insbesondere aus dem Beitrittsgebiet, ergänzt werden. Es sind illegale oder halblegale Stilllegungen. Außenstehende haben den Eindruck, dass es neben den Begründungen, warum sich eine Strecke vermeintlich überlebt habe, genausogut den Willen gibt, die Infrastruktur als etwas Nützliches für das Gemeinwohl zu betrachten. Auf der EXPO 2000 jammerte Manfred Pietschmann, DB-Pressesprecher für Nordrhein-Westfalen, den Medienvertretern vor, wie unsinnig die Modernisierung der Strecke Brackwede–Dissen-Bad Rothenfelde gewesen sei. Dort überzeugte zwar Siemens nicht mit seinem EXPO-Exponat eines Funk-Fahr-Betriebs, aber die neuen Anlagen und Fahrzeuge führten zu einem vor der Modernisierung nicht gekannten Zuspruch der Fahrgäste zum Personennahverkehr auf der Schiene.

Außenstehende sind der Meinung, das größte Hindernis, die Strecken zu sanieren, scheint nicht die Finanzsituation der Deutschen Bahn zu sein, sondern ein imaginärer Widerstand im Konzern.

Zum Streitpunkt der Dritten mit der Deutschen Bahn wurden auch die von DB-Netz bestimmten »Regionalfaktoren« bei den Trassenpreisen. Durch sie können sich die Kosten sich für die Benutzung bestimmter Strecken vervielfachen. Der Regionalfaktor soll vom Erhaltungsaufwand abhängig sein, beschleunigt aber auch die Stilllegung mancher Strecken, weil deren Betrieb viel zu teuer geworden ist.

■ Die Bindung an die Heimat soll die Regio-Netze beliebt machen.

Als Ergebnis einer so genannten »Mittelstandsoffensive« wurden unter dem Stichwort REGENT für das regionale Netz Rationalisierungsmodelle verfolgt. Am 1. Januar 2001 gab sich DB-Netz eine neue Struktur und schuf sich drei Netzsegmente: Fern- und Ballungsnetz, Regionalnetze sowie Zugbildungsanlagen/Umschlagbahnhöfe. Bis zum Januar 2002 waren 12.000 km Strecke als 43 Regionalnetze ausgegliedert. Manche bezeichnen die Regionalnetze auch als Netz zweiter Klasse, weil sie mit Investitionen schlechter versorgt werden als das Fern- und Ballungsnetz sowie ihr Standard und ihre Verwaltung auf das Niveau der Nichtbundeseigenen Eisenbahnen zurückgeführt wird. In der Regel wird bei diesen Eisenbahnen mit niedrigeren Geschwin-

■ Durch die Sanierung der Strecken und den Stundentakt kommen wieder mehr Leute in die Züge. Regionalbahn der Erzgebirgsbahn in Lauter (2003).

■ 1999 waren die Viadukte der Strecke Korbach – Willingen wegen Baufälligkeit gesperrt bzw. stillgelegt worden. Erste Kostenberechnungen gingen von bis zu 50 Millionen Mark für die Sanierung aus; der Deutschen Bahn war das zu viel. Ein neues Verfahren zur Abdichtung der Viaduktpfeiler mit Zement kostete nur acht Millionen Euro. Seit 15. Dezember 2003 fahren hier wieder Züge der Kurhessenbahn im Zweistundentakt.

digkeiten gefahren, sodass man bei der Betriebsführung und in der Instandhaltung insbesondere Personalkosten spart.

Die Regionalnetze dürfen trotz der Namensähnlichkeit nicht mit den nach dem Stand von 2004 vier Regio-Netzen Kurhessenbahn, Südost-Bayern-Bahn, Oberweißbacher Berg- und Schwarzatalbahn sowie Erzgebirgsbahn verwechselt werden. Das sind Bahnen, die ebenfalls wie mittelständische Unternehmen gebildet worden sind und insgesamt mit rund 1000 km Netz eine von Frankfurt am Main aus geleitete Tochtergesellschaft mit je 50 Prozent Gesellschafteranteil von DB-Netz (Regio-Netz-Infrastruktur-GmbH) und DB-Regio (Regio-Netz-Verkehrs-GmbH) ist. Ein Sonderfall ist die Usedomer Bäderbahn, die als hundertprozentige Tochtergesellschaft des Konzerns gleichzeitig Eigentümerin der Strecken und Hochbauten ist.

Kein Netz 21

Mehrmals kündigte der Vorstand das »Netz 21« an. Bei ihm sind auf wichtigen Verbindungen der schnelle Reise- und langsame Güterzugverkehr getrennt; er behindert sich nicht mehr. Durch das Netz 21 sollen die Beschleunigung der Verkehre und dadurch auch Personaleinsparung möglich sein. Notwendig wäre es, das vorhandene Netz (Bestandsnetz) mit zusätzlichen Gleisen, Strecken und Verbindungskurven auszubauen. Das Ziel Netz 21 wird schon wegen der von der Bundesregierung gekürzten Investitionsmittel nicht erreicht werden können.

Andererseits verwundert es, dass die Deutsche Bahn bestehende Strecken in ihrer Kapazität beschränkt, die zur Entlastung stark belegter Reiseverkehrsstrecken genutzt werden könnten (wie der Abbau des zweiten Gleises Elze–Hameln–Löhne), oder im Ruhrgebiet die zweigleisige elektrifizierte Strecke Duisburg-Wedau–Mülheim– Essen–Bochum Nord stilllegt.

Neben der Autobahn Erfurt–Meiningen wurde die Hochgeschwindigkeitsstrecke in kleinen Etappen weitergebaut, damit das Baurecht nicht verfällt (12. Dezember 2002).

■ W 232.01 der Firma Schauffele in Lübbenau Süd (2000). Schauffele ließ die stärkste Diesellokomotive der DR, 142 003, für den Verkehr seiner Schutt- und Baustoffzüge in Kassel umbauen.

Die beschränkte Mittelzuführung (auch verursacht durch den Verzicht auf Lkw-Maut nach dem Ausfall des elektronischen Erfassungssystems) verschob die Fertigstellung von Streckenbauten, die für ein Netz von Hochgeschwindigkeitsstrecken nötig wären. Während die Autobahn durch den Thüringer Wald vollendet ist, kann man mit der Fertigstellung der Hochgeschwindigkeitsstrecke Leipzig/Halle–Erfurt–Ebensfeld (–Nürnberg) nicht vor 2012 rechnen. Sie wäre aber für die Verbindung Berlin–München wichtig, um dem Pkw und dem Flugzeug Paroli bieten zu können. Die Verbindung zwischen den Hochgeschwindigkeitsstrecken Köln–Rhein/Main und Mannheim–Stuttgart scheitert nicht nur am Geld, sondern am Raumordnungsverfahren, weil sich die Landespolitiker gegen die »Abnabelung« Mannheims vom Fernverkehr aussprechen (zu der es gar nicht käme) und für Darmstadt Hbf den Halt weiterer ICE wünschen.

Nach den Vorgaben der Gesetze zur Bahnreform sollten sich das Netz wie der Fern-, der Nah- und der Güterverkehr verselbständigen. Der Vorstandsvorsitzende Mehdorn hat durch seinen Eifer, die Deutsche Bahn kapitalmarktfähig zu machen und ihre Aktien an der Börse zu handeln, diesen 1999 eingeleiteten Vorgang gebremst. Er setzt sich vehement für den Erhalt des »Verbundes von Netz und Betrieb« ein. Dafür riskierte er auch den Streit mit seinem Aufsichtsratsvorsitzenden Dieter Vogel (siehe Kapitel 6). Im Aufsichtsrat war Vogel für die Trennung. Mehdorn und Norbert Hansen, der stellvertretende Vorsitzende im Aufsichtsrat, zugleich Vorsitzender der Gewerkschaft Transnet, waren dagegen. Die Debatte schwelte seit 1994, erreichte im Jahr 2000 eine derartige Qualität, dass die Bundesregierung eine Kommission unter der Leitung von Wilhelm Pällmann einsetzte.

Wer ist Pällmann? Der Rentner-Jurist aus Münster wechselte 1982 vom Vorstandssprecher der hannoverschen Verkehrsbetriebe Üstra zum Vorstand Steuerung und Planung der

Deutschen Bundesbahn. Von 1991 bis 1995 war er Vorstand der Deutschen Bundespost Telekom und dort Beauftragter für den Aufbau Ost. In den letzten Jahren beriet er kleine und mittelgroße Familienbetriebe, meldete sich aber immer wieder zu Wort, wenn es um Fragen des Verkehrs ging.

Am 5. September 2000 übergab die nach ihm benannte Kommission dem Bundesverkehrsminister Reinhard Klimmt den »Abschlussbericht über die Finanzierung der Verkehrsinfrastruktur«. Aus der Kurzfassung zu den Bundesschienenwegen:

»Die DB-Netz AG wird auf absehbare Zeit ihre Kosten nicht durch Einnahmen auch nur annähernd erwirtschaften können. Die Annahme, der Staat werde im Voraus auf Jahrzehnte hinaus hohe Staatszuschüsse für das Netz verbindlich festlegen, um der Deutschen Bahn inklusive Netz den Weg zur Börsenfähigkeit zu ebnen, erscheint der Kommission utopisch.

Die Einbeziehung des Netzes in das privatunternehmerische Risiko ist gleichbedeutend mit einer Verhinderung der Kapitalmarkt-/Börsenfähigkeit der Deutschen Bahn. Seine Rückführung in unmittelbares staatliches Eigentum – als Aktiengesellschaft – ist die klarste und ehrlichste Lösung.

Die Deutsche Bahn sollte sich auf ein Bundesschienennetz (rund 20.000 km) konzentrieren und die Regional- und Lokalnetze/-strecken an Länder/Kommunen, Verbünde und Private abgeben. Die Entscheidung über Strecken, die nur geringe verkehrliche Bedeutung/ Perspektive haben, sollte vor Ort erfolgen.

Regionalbahn nach Salzwedel in Wittenberge (2002). Die »Magdeburger Seite« wurde 2004 stillgelegt, aus dem Keilbahnhof eine Betriebsstelle mit nur noch wenigen Gleisen, das Empfangsgebäude kam durch den Wegfall der Südseite in die Seitenlage.

■ In einer Betriebszentrale, die die Bedienung der Bahnhöfe durch »örtlich zuständige Fahrdienstleiter« und die Disposition des Zugverkehrs vereint.

Die Verkehrsbereiche der Deutschen Bahn sollten materiell privatisiert und kapitalmarktfähig gemacht werden. Die Einnahmen aus der Privatisierung stehen auch für die Verbesserung des Netzes zur Verfügung und können so Staatszuschüsse vermindern.

Wegen der unterschiedlichen Funktionen und finanziellen Grundlagen ist eine strikte Trennung von Personenfernverkehr und Personennahverkehr geboten. Mit Hilfe einer speziellen Regulierungssstelle in der Organisation des Bundesministeriums für Verkehr, Bau und Wohnungswesen ist sicherzustellen, dass das Netz der Bahn für einen umfassenden diskriminierungsfreien Wettbewerb geöffnet wird. Ziel ist eine entscheidende Aufwertung des Systems Eisenbahn in den relevanten Märkten.

Die Bahn ist noch unzureichend auf Europa ausgerichtet; deshalb kann sie ihre Stärken nicht voll zum Tragen bringen. Geboten sind eine bessere Nutzung der Rechte auf Zugang zu Netzen anderer Staaten, die Überwindung noch bestehender Grenzhindernisse durch internationale Allianzen und Beteiligung an international tätigen Transport- und Logistikunternehmen, Etabilierung europaweit integrierter Anbieter für Hochgeschwindigkeitsverkehre usw.«

Der Minister tat nichts

Damit war auch die bahninterne Debatte um das Eigentum von rund 38.000 km Schienennetz zunächst erledigt. Aufsichtsrat, Vorstand und die Gewerkschaft Transnet sprachen sich für den Erhalt des Verbundes aus. Das Pällmann-Papier lehnten sie ab. Der Bahnvorstand warnte vor einer Zerschlagung und Wiederverstaatlichung der Deutschen Bahn.

Was tat Minister Klimmt? Fast nichts. Das Ministerium richtete auch nicht die vorgeschlagene Regulierungsstelle ein, es übertrug diese Aufgabe dem Eisenbahn-Bundesamt. Klimmt trat am 16. November 2000 wegen einer Finanzaffäre mit dem Fußballclub Saarbrücken zurück. Kurt Bodewig wurde Minister. Er ließ sich im März 2001 auf dem Parteitag von Bündnis 90/Die Grünen dazu hinreißen, anzukündigen, er werde der Deutschen Bahn die Verwaltung des Netzes innerhalb der nächsten vier bis fünf Jahre entziehen und es einer unabhängigen Gesellschaft übertragen. Er wolle dadurch mehr Wettbewerb auf die Schienen bekommen. Die Trennung sei nur *»ein Baustein in einer großen Verkehrsreform«*.

Mehdorn war wütend, ließ für seine Mitarbeiter eine in scharfen Worten gehaltene Information schreiben und rief den neuen Aufsichtsratsvorsitzenden Frenzel an, der, anders als Vogel, auf seiner Seite stand. Sein Vorgänger, Johannes Ludewig, meldete sich in der Zeitung *Die Welt* vom 14. März 2001 mit dem Bonmot: *»Das Netz ist nicht alles, aber ohne das Netz ist alles andere nichts!«* Mehdorn und Frenzel eilten in das Bundesverkehrsministerium in die Invalidenstraße von Berlin, der Bahnchef drohte mit dem Rücktritt. Bodewig knickte ein. Die Suche nach einem neuen Bahnchef war das Letzte, was der Bundeskanzler brauchte. Um sein Gesicht zu wahren, ließ Bodewig erklären, die Trennung von Netz und Betrieb könne auch innerhalb der Deutschen Bahn verwirklicht werden. Er setzte am 20. März 2001 eine von Franz-Josef Kniola, Landesverkehrs- und Landesinnenminister Nordrhein-Westfalens, und Ralf Nagel, Bodewigs Staatssekretär, geleitete Expertengruppe ein, die »ergebnisoffen« prüfen sollte, ob und wie das unter dem Dach der Bahn-Holding möglich sei.

Zur Expertengruppe gehörte auch Hartmut Mehdorn. Der FDP-Verkehrsexperte Horst Friedrich bemerkte dazu: »Das ist ungefähr so, als würde man Frösche beauftragen, den Sumpf trocken zu legen.« Mehdorn wusste nicht, ob er sich durchsetzen würde. Er hatte jedoch Zeit gewonnen und konnte kämpfen. Nur drei Tage nach der ersten Mitarbeiter-Information kam die nächste, in der er sich »schützend vor die Bahner« stellte und unter anderem erklärte, bisher gebe es jedenfalls auf der Welt kein erfolgreiches Modell mit der Trennung von Netz und Betrieb. Das Gegenteil sei der Fall, wie man beispielsweise an der auch hier zu Lande hochgelobten Schweizerischen Bundesbahn (SBB) sehe. Deren Chef, Benedikt Weibel, habe aus Anlass der Diskussion in Deutschland gerade erklärt, Nichtfachleute würden meist übersehen, dass die Schieneninfrastruktur die Basis für die Fahrplangestaltung und die operative Betriebsführung sei. [...] Eine Trennung könne da nur ›zu Lasten der Gesamtoptimierung gehen‹. Letztlich würde ein ›Split der Verantwortung‹ auch dazu führen, dass Qualität und Sicherheit litten.

Hans Leister von Connex wird drei Jahre später zu diesem Sicherheits-Argument Stellung nehmen. Darauf ist zurückzukommen. Bei der Gegensätzlichkeit der Argumente für oder wider die Trennung von Netz und Betrieb kann man diese oder jene Position beziehen. Gründe, dafür zu sein, gibt es für beide Lösungen. Mehdorns Entschiedenheit und Beharrlichkeit erstaunt. Denn ob das Netz von der Deutschen Bahn getrennt wird, ist Sache des Eigentümers. Ihn, die Bundesrepublik Deutschland, vertritt die Bundesregierung. Ein Bahnvorstand hat sich zu fügen. Der Kampf gegen die Netz-Trenner wird derart scharf verfochten, als handele es sich um die Enteignung privaten oder Mehdorns persönlichen Eigentums.

Vereinbartes Stillschweigen

Da wird mit harten Bandagen geboxt. Hans-Jürgen Ewers, Professor für Wirtschafts- und Infrastrukturpolitik und Präsident der Technischen Universität Berlin, war der leidenschaftlichste Verfechter der Trennung. Er musste sich am Abend der Parlamentarischen Gesellschaft von Mehdorn anblaffen lassen: »*Sie haben keine Ahnung! Sie haben doch noch nie gearbeitet und einen Schraubenschlüssel in der Hand gehalten.*« So schrieb *Der Spiegel.*

In der »Task Force« unter Kniola und Nagel wurden acht Modelle diskutiert. Man vereinbarte Stillschweigen. Mehdorn wollte sich an ein derartiges Gelübde nicht erinnern und plauderte in aller Öffentlichkeit über den Sinn und Unsinn der Gedanken. Parallel dazu bemühte die Deutsche Bahn die Unternehmensberatung McKinsey, die ihr vorrechnete, die Trennung von Betrieb und Netz koste mindestens 1,3 bis 1,6 Milliarden Mark. Dieses Ergebnis wurde den Nachrichtenagenturen rasch bekannt. In doppelseitigen Anzeigen warb die Deutsche Bahn »im Interesse der Kunden für eine ungeteilte Bahn«. Der gemeine Bürger wird nicht verstanden haben, worum es ging. Vielleicht war er erschreckt, als fahre schon am nächsten Tag kein Zug mehr. Eine Wirkung, mit der die Deutsche Bahn nicht gerechnet hatte, entfalteten die teuren Anzeigen: Die Landesregierungen sympathisierten mit der Deutschen Bahn. Sie fürchteten, ihnen werde ein Großteil des Netzes überlassen, das sie dann auch zu finanzieren hätten.

Wie schon bei der Kontroverse Vogel – Mehdorn sprach der Bundeskanzler: »Vertragt euch!« Frenzel untersagte nach Bodewigs Intervention die weitere Schaltung der Anzeigen. Ansonsten endete die Tätigkeit wie von Mehdorn gewünscht und mit einer Blamage Bodewigs. Der Kompromiss zwischen den unterschiedlichen Vorstellungen lautete: Das Netz bleibt in der Holding mit Festlegungen, die die Unabhängigkeit der Netz AG sichern sollen. *»Auch in Zukunft soll die DB-Netz ein Wirtschaftsunternehmen unter dem Dach der DB AG sein und sich wirtschaftlich verhalten. Eine Re-Verstaatlichung des Netzes wird abgelehnt«,* war der wichtigste Satz eines dicken Papiers dieser zweiten Kommission.

Mittel gekürzt

Für die Erhaltung des so genannten Bestandsnetzes und für Neubauten hat der Eigentümer nie genug getan. Die Kohl-Regierung hatte 1994 zugesagt, für das Netz jährlich zehn Milliarden Mark an Investitionsmitteln bereitzustellen, dann jedoch die Mittel zunehmend gekürzt, bis es nur noch 5,8 Milliarden Mark waren. Ende 1999 befürchtete der für Marke-

■ 7. Juli 2003 in Jüterbog: Vorführung des ETCS-Zugsicherungssystems mit über 200 km/h bis Bitterfeld.

ting und Vertrieb zuständige Vorstand, Dagmar Hasse, dass durch die zunehmende Zahl von Langsamfahrstellen der Taktfahrplan unmöglich werde und Züge ausgelegt werden müssten. Der Lenkungskreis Qualität Fahrweg schlug in einer Vorlage für den Bahnvorstand Alarm.

■ Das Nordkreuz in Berlin gehört zu den Bauvorhaben im zentralen Bereich, die viel Geld verschlingen. Blick zur Bösebrücke und zum Haltepunkt Bornholmer Straße (2001). Die S-Bahn-Gleise Schönhauser Allee–Pankow (rechts) werden an die Bahnsteige links verlegt.

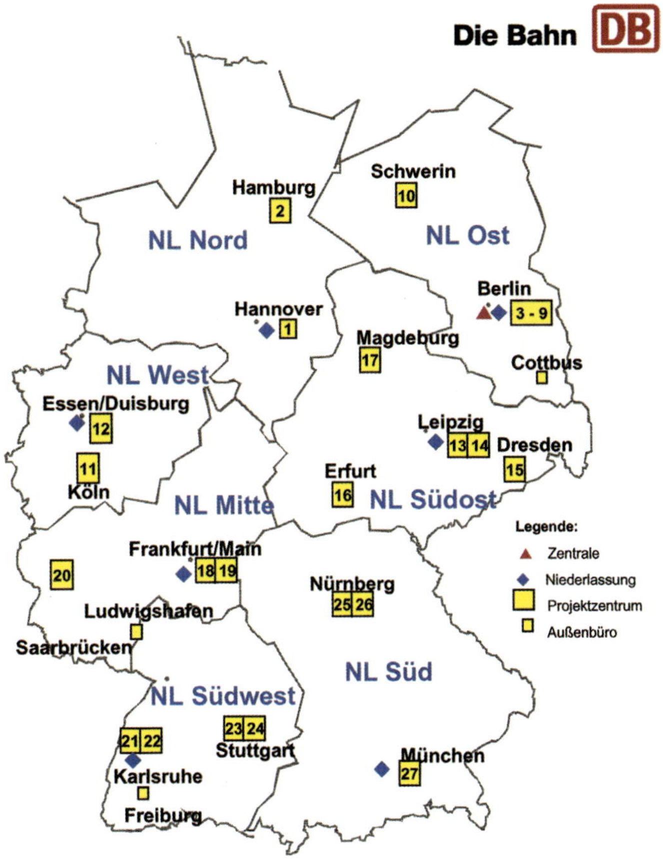

Die Organisation der DB-Projekt-Bau.

Die Bundesregierung wollte der Deutschen Bahn aus der Misere helfen, das Bestandsnetz sollte mit Hilfe der Erlöse aus der Versteigerung von UMTS-Mobilfunklizenzen saniert werden. Die Deutsche Bahn ging zur »Sanierungsoffensive und Grunderneuerung von Netz und Wagenpark« über und formierte ihre Truppen. Um das für die Zeit bis 2007 vorgesehene Bauvolumen von 55 Milliarden Euro vorbereiten und projektieren zu können, veränderte sie die Struktur ihrer vier Projektgesellschaften. Gebildet wurde die Gesellschaft Projekt-Bau (5100 Mitarbeiter) mit Sitz in Berlin, einer »Servicetochter« der Deutschen Bahn. Ihr unterstehen sieben Niederlassungen und darunter 27 Projektzentren.

Langsamfahrstellen sollten beseitigt werden, drohende nicht erst entstehen, die belasteten Knoten, beispielsweise in Berlin, Magdeburg, Halle, Leipzig, Oberhausen und Köln leistungsfähiger werden. Zu den wichtigsten Bahnhofsprojekten gehörten die Fertigstellung des Kieler Hauptbahnhofs und die Sanierung der Hallendächer in Frankfurt (Main) Hbf, Dresden Hbf sowie der Neubau von Jena Paradies. Auch die immer wieder verschobene Elektrifizierung Hamburg–Lübeck sollte möglich sein.

Nach drei Jahren stellt sich heraus, dass manches unvollendet blieb, aufgeschoben oder ganz aufgegeben wurde. Zur unerledigten Sanierung gehört auch eine 800 m lange Lang-

Wegen des Umbaus im Bahnhof Dresden-Reick war im August 2003 die Strecke Dresden–Pirna gesperrt. Eurocity Prag–Aarhus musste einen Umweg über Dürrröhrsdorf fahren.

samfahrstelle der Hauptbahn Erfurt–Nordhausen, die mit höchstens 10 km/h befahren werden darf. Der angekündigte Betrag schrumpfte auf 6,75 Milliarden Mark zusammen, obendrein musste sich die Deutsche Bahn verpflichten, auf andere, ihre zustehende Hilfe zu verzichten. Fünf Milliarden Mark waren für die Finanzierung der Neubauten Hochgeschwindigkeitsstrecken Köln–Rhein/Main, Nürnberg–Ingolstadt und Verkehrsknoten Berlin vorgesehen. Sie waren schnell aufgebraucht, da diese Projekte sechs Milliarden Mark teurer wurden als veranschlagt. Trotzdem gab es damals eine Euphorie, weil es schien, es werde mit der Sanierung der Strecken und Bahnhöfe ernst, die jahrzehntelange Benachteiligung der Bahn gegenüber der Straße sei vorüber, in der Regierung begänne eine andere Verkehrspolitik.

Der Schnellumbauzug 500 erneuert das Gleis Glasower Damm – Rangsdorf (Juni 2004)
Foto: Reiner Preuß

Bis in das Jahr 2004 hinein war nicht endgültig bekannt, welche Projekte eingestellt oder aufgeschoben werden; Planer und Projektanten drehten Däumchen, die Deutsche Bahn kündigte Entlassungen an. Auf 500 Millionen bis 600 Millionen Euro soll sich der Aufwand für Projekte belaufen, die nicht begonnen werden. Am 1. Juli 2004 beschloss der Bundestag das Fernstraßenbau- sowie das Bundesschienenwegeausbaugesetz mit einem Zeitrahmen bis in das Jahr 2015. Während der Etat für den Bundesfernstraßenbau unverändert bleibt, setzte Finanzminister Hans Eichel beim Schienennetz den Rotstift an. In der mittelfristigen Finanzplanung sinken die Investitionsmittel auf jährlich 2,5 Milliarden Euro. Ein beträchtlicher Rückgang – gemessen an dem Betrag von 4,4 Milliarden Euro im Jahr 2003. Für Neubaustrecken soll es jährlich nur noch etwa 500 Millionen Euro geben.

Am 12. August 2002 schwappte die Flut der Weißeritz mit reichlich Schlamm durch den Dresdner Hauptbahnhof.

Durch das Hochwasser zerstörte Strecke und Sicherungstechnik der im Umbau befindlichen Sachsen-Magistrale bei Tharandt (2002).
Foto: DB/Bedeschinski

Auch die zwei Jahre vorher sanierte Müglitztalbahn Heidenau–Altenberg war vom Hochwasser im August 2002 schwer getroffen.
Fotos: Emersleben

Ein Sonderzug auf den ersten wieder hergestellten Kilometern Strecke in Freital-Hainsberg sollte Mut machen. Wie und wann die Schmalspurstrecke nach Kurort Kipsdorf wieder aufgebaut wird, diese Antwort geht im Mahlwerk der bürokratischen Mühlen unter.
Foto: Emersleben

5. Glanz und Elend der Personenbahnhöfe

»*Über 5.400 aktive Bahnhöfe mit rund 2.400 Empfangsgebäuden haben durch ihre unterschiedlichen Funktionen – als Verkehrsdrehscheibe, Marktplatz und Visitenkarte für Städte und Regionen – eine große Bedeutung für unsere Kunden.*« So schrieb es Wolf-Dieter Siebert, Vorsitzender des Vorstands des Unternehmensbereichs Station & Service der Deutschen Bahn, im Vorwort zum Geschäftsbericht 2003.

Ob sie tatsächlich eine Visitenkarte sind und welchen Eindruck die »5.400 aktiven Bahnhöfe« und die Empfangsgebäude hinterlassen, darüber gibt es unterschiedliche Meinungen. Die einen erfreuen sich an den denkmalgerecht renovierten Fassaden (Bremen Hbf), dem glitzernden und dienstbereiten Innern (Berlin Ostbahnhof, Leipzig Hbf, Hannover Hbf). Andere sind abgestoßen von der Penetranz, mit der sich die Bahnhofsgebäude als Konsum-

■ Zum Juwel wurde das Empfangsgebäude des Bahnhofs Weimar 1999. Das war der Beitrag der Deutschen Bahn zur »Kulturhauptstadt«. Foto: Barteld

Zugebrettert wartet das Bahnhofsgebäude von Nachterstedt-Hoym auf einen Käufer. Der fand sich nicht (2004).
Foto: Reiner Preuß

tempel präsentieren. Und wieder Andere empfinden ihren Bahnhof, sie meinen damit das Bahnhofsgebäude, als Schandfleck des Ortes, auf dem man nicht gern verweilt. Die Erfahrungen sind unterschiedlich.

Wieso sind, wie Siebert behauptet, die Bahnhöfe jeweils die »Visitenkarte für Städte und Regionen«? Sollten sie nicht die »Visitenkarte der Eisenbahn« sein? Enthält die Definition die versteckte Absicht der Deutschen Bahn, sich für die Bahnhofsgebäude nicht mehr verantwortlich zu fühlen? Es hat diesen Anschein.

Allerorten trifft der Reisende auf Bahnhofsgebäude und Haltepunkte, die verfallen, durch Vandalismus beschädigt oder zerstört sind. Ihr Zustand wird von der Deutschen Bahn mit der »Altlast« entschuldigt, mit dem »schwierigen Erbe« von DB und DR. *»Die Bedeutung der Bahnhöfe hat sich in den zurückliegenden Jahrzehnten (sic!) wesentlich geändert. Die Zeit*

Auch der Bahnhof Gößnitz wartet darauf, vor dem Verfall gerettet zu werden (2001).
Foto: Reiner Preuß

stuckverzierter großer Wartesäle ist vorbei, dafür zählen Sicherheit, Sauberkeit und ein Optimum an Service für eine hohe Mobilität. Mit dem entscheidenden Kriterium: Das gesamte Angebot vom Ticketverkauf am besetzten Schalter bis zur Verpachtung der Bahnhofsgaststätte muss für die unternehmerisch handelnde Deutsche Bahn auch bezahlbar sein«, heißt es in einer Presseinformation vom 19. April 2004.

Was Pressesprecher schreiben, die ein funktionierendes Bahnhofsgebäude aus der Zeit vor 1994 nicht mehr kennengelernt haben, ist nicht nur falsch, was die Veränderungen »in den zurückliegenden Jahrzehnten« betrifft, sondern zugleich das Programm. Das gewollte Elend der Empfangsgebäude begann 1994 mit der Bahnreform.

Bis Ende 1993 waren die Bahnhofsgebäude nicht nur für den Fahrkartenverkauf, die Abfertigung von Gepäck und Expressgut, die Hinterlegung des Reisegepäcks, das »Optimum« von Dienstleistungen und für die Bahnhofsgaststätten da, sie waren auch der Raum und das Reich der Betriebs- und Verkehrseisenbahner vom Leiter der Dienststelle bis zu den Zugbegleitern, Sitz technischer Dienststellen, vom Reichsbahnamt, sogar der Reichsbahndirektion wie in Magdeburg Hbf bzw. der Regionalabteilung wie in Fulda oder Nürnberg. Der Zustand der Hochbauten war nicht immer der beste, weil die Mittel für Instandsetzung oder Erneuerung aus den Mitteln für die Betriebsführung abgezweigt werden mussten oder in der Planwirtschaft der DDR die Kreisplankommissionen selten Baukapazität vom Fremdbetrieben bilanzierten.

Auch damals drohten Verfall oder Zerstörung, wenn die Bahnhofsgebäude nicht mehr genutzt und beaufsichtigt wurden. Wohnungen im Bahnhofsgebäude, die Bahnhofsgaststätte und wenigstens ein Eisenbahner im Dienst waren die Garantie dafür, dass das Gebäude leidlich gepflegt wurde.

Die »unternehmerisch handelnde Deutsche Bahn« stellte alles auf den Kopf. Der Gesetzgeber forderte es nicht, trotzdem wurde 1994 der Geschäftsbereich Personenbahnhöfe gebildet, der sich auch finanzieren musste. Sogleich ermittelten die verantwortlichen Manager, welche der rund 6.000 Gebäude Rendite versprachen und welche nicht. Wer von den anderen Geschäftsbereichen Räume in den Bahnhofsgebäuden nutzte, musste Miete bezahlen geradeso als habe er sich bei Fremden eingemietet.

Zuerst verschwanden die Mieter von Wohnungen aus den Bahnhöfen. Dann schlossen die Bahnhofsgaststätten, weil Pacht und Umsatz in keinem verträglichen Verhältnis zueinander standen. Von 1996 an entfernten sich auch die Eisenbahner und ihre Dienststellen, weil Bahnhöfe geschlossen (»aufgelassen«) wurden, sogar Bahnhöfe (wie Friedrichssegen) in zwei Blockstellen und einen Haltepunkt verwandelt wurden, elektronische Stellwerke ganze Strecken von einem Punkt aus bedienten und deswegen in den Bahnhofsgebäuden kein Personal mehr notwendig war oder weil den Eisenbahndienststellen die Miete einfach zu hoch war.

Rechnungen: je höher, desto besser

Denn jede Tochtergesellschaft schreibt zu Gunsten ihres Umsatzes und ihrer Rentabilität Rechnungen, je höher, desto besser. Der Geschäftsbereich Personenbahnhöfe berechnet zum Beispiel dem Geschäftsbereich Fahrweg Miete für den Raum des Fahrdienstleiters im Bahnhofsgebäude. Auch für die Inanspruchnahme von Räumen, wie das Reisezentrum von DB-Fernverkehr, werden Mieten berechnet. Umsatz und Gewinn der Tochtergesellschaft Personenbahnhöfe sind bei der anderen Tochtergesellschaft Kosten. Der Konzern Deutsche Bahn gewinnt dadurch nichts. Ist das nur eine vorgetäuschte Geschäftstätigkeit?

Der Bahnhofsmanager von Crossen meinte, auf das »hinterstehende« Gebäude hinweisen zu müssen. Es sieht im Gegensatz zu den DB-Gebäuden proper aus. Foto: Barteld

Im Jahr 2003 setzte der Unternehmensbereich Station & Service, wie sich der Geschäftsbereich Personenbahnhöfe seit 1999 nennt, 851 Millionen Euro um, davon das Geschäftsfeld Verkehrsstation 592 Millionen Euro. Meist sind es Stationsgebühren, der Rest Mieten, Park- und Schließfachgebühren. Jeder, der auf einem Bahnhof einen Zug halten lässt, muss Station & Service eine Stationsgebühr bezahlen. Möglicherweise nehmen seine Fahrgäste diesem Bereich zugeordnete Flächen und Gebäude in Anspruch. 548 Millionen Euro zahlten 2003 die zum DB-Konzern gehörenden Gesellschaften, und zwar 460 Millionen Euro das Geschäftsfeld Regional- und Stadtverkehr, 88 Millionen Euro das Geschäftsfeld Fernverkehr. Nur 25 Millionen Euro kamen von Verkehrsunternehmen außerhalb des DB-Konzerns.

Die interne Verrechnung mag für Lenkungsmaßnahmen der Bahn interessant sein. Genauso rechnen die anderen Geschäftsbereiche, wie sie die Kosten senken können. Der Fahrdienstleiter wird aus dem Empfangsgebäude auf das Stellwerk umgesetzt, ganze Dienststellen und Niederlassungen ziehen aus den Bahngebäuden aus, weil es anderswo billiger ist. Im Sommer 2004 wurden sogar auf den Stellwerken die Bahnuhren abgestellt, weil der Netz-AG die Rechnungen von DB Station & Service zu hoch waren. Die Eisenbahner brachten sich private Küchenuhren mit.

Die S-Bahn Berlin GmbH, zu 100% ein Tochterunternehmen der DB AG, zog aus ihrem angestammten Gebäude in der Invalidenstraße aus und quartierte sich in einem Neubau gegenüber zur Miete ein. Die Zugbegleiter von DB-Regio in Stralsund haben ihre Räume nicht im Bahnhofs-, sondern in einem Nebengebäude. Stützpunkte, Meistereien, Niederlassungen, Projektzentren sind irgendwo zu finden, nur nicht im Bahnhofsgebäude. Statt die bestehenden Gebäude sinnvoll zu nutzen, wurden sie aufgegeben und als Relikte einer längst vergangenen Zeit für überflüssig erklärt.

Anfangs versuchte der Geschäftsbereich Personenbahnhöfe mit seinem Geschäftsfeld Immobilien, die unrentablen Gebäude wie die nicht mehr benötigten Flächen zu verkaufen. Das Immobiliengeschäft der Deutschen Bahn ist durch die Vertöchterungen ganz undurchsichtig geworden.

UMTS und Immobiliengeschäft

Ende Februar 2001 schlossen das Bundesfinanz-, das Bundesverkehrsministerium und die Deutsche Bahn einen trilateralen Vertrag zur Verwendung der UMTS-Mittel. Die Deutsche Bahn erhielt bis 2004 insgesamt 26 Milliarden Mark Investitionsmittel und musste sich im Gegenzug unter anderem verpflichten, 360 als wertvoll eingestufte Grundstücke an eine zu gründende Property Company zu übertragen, die von 2003 an privatisiert werden sollte. Das Bundeseisenbahnvermögen übernahm 1.600 weniger wertvolle Liegenschaften.

Wegen dieser Vorgänge, die hier nicht weiter verfolgt werden sollen, folgte die Herauslösung des Geschäftsfeldes Immobilien aus dem Unternehmensbereich Station & Service und die Verselbstständigung zur DB-Immobilien GmbH (DB-Imm), aus der wiederum 2002 die Firma »aurelis Management« mit dem Geschäftsführer Dieter Ullsperger (ehemals Vorstandsvorsitzender von DB-Station & Service bzw. Geschäftsführer von DB-Imm) hervorging.

Ende 2002 verkaufte die Deutsche Bahn an ein Konsortium unter Führung der Westdeutschen Immobilienbank in Mainz ihre Anteile an der aurelis in Höhe von (geschätzt) 1,5 Milliarden Euro. Zu dem Konsortium gehört übrigens auch die Investmentbank Morgan Stanley, die der DB-Konzernleitung günstige Prognosen für die Börsenreife stellte. 2002 sollen 1.000 Empfangsgebäude an die First Rail Property verkauft worden sein, die 600 davon, darunter die von Garmisch-Partenkirchen, Görlitz, Saarlouis und Stralsund, als Bahnhöfe der 1.-Rendite-Klasse an die German Rail Estate 1 weiter reichte. Nicht mehr die Deutsche Bahn ist Eigentümer der Bahnhofsgebäude, sondern eine dieser Gesellschaften. Die Deutsche Bahn mietet und untervermietet. Von diesen Vorgängen findet sich in den Geschäftsberichten nichts.

Seit 1. Januar 2003 ist Mehdorns Bekannter aus früherer Managerzeit, Wolf-Dieter Siebert, Vorstandsvorsitzender von DB-Station & Service. Siebert kam aber nicht als Vorstand in die Konzernleitung, sondern ist nur Generalbevollmächtigter. Station & Service wurde 2002 in drei Geschäftsfelder gegliedert: Verkehrsstation, Vermarktung sowie Bau und Entwicklung. Die sieben Regionalbereiche wurden aufgegeben; die 93 Bahnhofsmanager gehören – ohne Zwischenleitung – zu den Geschäftsfeldern Verkehrsstation und Vermarktung. 2003 hatte DB-Station & Service 5.066 Mitarbeiter und 374 Lehrlinge.

Neben der Verwaltung (Instandhaltung, Reinigung) der Haltepunkte und jener Bahnhofsgebäude, die noch benutzt werden, liegt der Schwerpunkt auf der Vermarktung. Die Perspektive des »Shoppens im Bahnhof« ist allerdings wie im Einzelhandel außerhalb des Bahnhofs getrübt, was sich auch dem gewundenen Stil des Geschäftsberichts entnehmen lässt: *»Mit den im Jahr 2003 weitergeführten Maßnahmepaketen im Rahmen des DB-konzernweiten Sanierungsprogramms ›Fokus‹*[1] *verfolgen wir das Ziel, eine nachhaltige wirtschaftliche Optimierung im Bereich der Vermietung sicherzustellen.«*

Da sich ebenfalls wegen der Rentabilität der Geschäftsbereich Personenverkehr mit seinem »personenbedienten Fahrkartenverkauf« weitgehend aus den Bahnhofsgebäuden zu-

1 Die Programme der Deutschen Bahn zur Verbesserung des Umsatzes und des Gewinns nannten sich 2001 »Offensive Bahn« (Sanieren, Leisten, Wachsen) und 2003 »Fokus«.

rückzieht, sollen auf kleineren und mittleren Bahnhöfen verstärkt Geschäfte eröffnet werden, die auch Fahrkarten verkaufen (bis Ende 2004 auf 100 Bahnhöfen). Da die Bahnmanager davon ausgehen, dass in einigen Jahren alle nur noch englisch sprechen, nennt man diese Geschäfte – obendrein unzutreffend! – »Service-Stores«. Dafür hat die Deutsche Bahn zwei Tochtergesellschaften gegründet: Service-Store-Systemführungs GmbH und Service-Stores-Betriebs GmbH. Die Geschäfte mit Fahrkartenverkauf wurden bislang in Regie der Deutschen Bahn betrieben, seit 2004 nur noch für Franchisenehmer.

Dem Geschäftsfeld Bau und Entwicklung, seit 2000 unter dem Vorstand Bernhard H. Hansen (Stationen seiner bisherigen Karriere waren: Strabag, US-Armee, European Space Agency, Deutsche Bank, Deutsche Interhotel Holding, Philipp Holzmann), blieb, das fortzusetzen, was Heinz Dürr seit 1994 auf zahlreichen Veranstaltungen als »Renaissance der Bahnhöfe« angekündigt hatte und Martin Lepper – bekannt geworden durch die »Lepper-Männer«, die teuren, aber hässlichen Blechfiguren auf den Bahnsteigen und Bahnhofsvorplätzen – mit seinen Ideen erfüllte. Lepper schied 1999 aus dem Unternehmen.

Dürr hatte übrigens am 21. März 1997 anlässlich einer Ausstellungseröffnung in Berlin gesagt: *»Uns geht es heute nicht mehr darum, Erlebniszentren mit Gleisanschluss zu bauen. Das damalige Konzept hält die Deutsche Bahn inzwischen für überholt. [...] Der Bahnhof hat eine eindeutige Aufgabe als Verkehrsstation. Er kann erst dann zusätzliche Funktionen mit Läden, Büros und Hotels aufnehmen, wenn er als leistungsfähige Schnittstelle des Transports funktioniert und als kundenorientiertes Reisezentrum akzeptiert wird.«*

1996 hatte der ehemalige Sparkassen-Mann Lepper die Bahnhofsgebäude nach ihrer Bedeutung kategorisiert und Modelle entwickelt, wie die Instandsetzung und Modernisierung bezahlt werden könnten. Danach schien es, dass recht bald sämtliche Empfangsgebäude in einen ansehnlichen Zustand gebracht werden sollten. Außerdem gab es Projekte wie den Umbau von Kopfbahnhöfen in im Tunnel liegende Durchgangsbahnhöfe, das Revitalisierungsprogramm von 25 Bahnhöfen und die Pilotprojekte der Bahnhofsmodernisierung Leipzig Hbf und Köln Hbf.

■ 1999 wurde in Potsdam ohne Rücksicht auf die historische Umgebung ein riesiger Einkaufsbunker gebaut. Der Bahnhof ist Bestandteil dieses Waren- und Amüsierhauses.
Foto: Reiner Preuß

■ Mainz war froh, dass 1998/1999 das Revitalisierungsprogramm verwirklicht wurde. Das Bahnhofsgebäude von 1898 wurde schöner, die Bahnsteighalle von 1939 abgerissen und durch eine Konstruktion aus Glas und Stahl ersetzt. An den 88 Millionen Mark Kosten beteiligten sich Land und Stadt mit 17,5 Millionen Mark.

■ Die neue Bahnhofshalle des Messebahnhofs Hannover-Laatzen (2000). Foto: Theis

Manches davon ist vollendet worden und findet seine Bewunderer, wie die unerwartete Ausstrahlung der Bahnhofsgebäude von Leipzig Hbf, Köln Hbf, Berlin Ostbahnhof, Mainz Hbf, Mannheim Hbf, Hannover Hbf oder Dresden-Neustadt. Es gibt bei der Deutschen Bahn sogar Neubauten, wie Wilhelmshaven Hbf (1997 in einem Einkaufszentrum eröffnet), Berlin-Spandau mit der gläsernen Bahnsteighalle (1998 in Betrieb genommen) oder der »Modulare Bahnhof« in Memmingen (am 13. Juli 2000 eröffnet), der Fährbahnhof Sassnitz-Mukran (im April 1999 in Betrieb genommen), der Messebahnhof in Hannover-Laatzen von 2000, die neuen Flughafenbahnhöfe (meist nur Bahnsteige mit Rolltreppen und langen Gängen) in Düsseldorf, Frankfurt am Main, Hannover, Köln und München sowie die neuen Bahnhöfe an der Hochgeschwindigkeitsstrecke Köln–Rhein/Main Limburg, Siegburg und Montabaur (der verknüpft mit einer Nebenbahn). Anderes, wie das Projekt Stuttgart 21 – die Verlegung des Hauptbahnhofs in den Tunnel –, blieben mangels ausreichender Finanzierung stecken. Ohne-

■ Zugang vom Bahnsteig zur kleinen Empfangshalle im neuen Flughafenbahnhof Frankfurt (Main) Fern (1999).
Foto: Reiner Preuß

■ Schon das Deckenfenster gibt der Halle des Bahnhofs Dresden-Neustadt eine behagliche Atmosphäre (2001). Passen aber die Kioske dazu?

■ Stuttgart Hbf soll unter dem Titel »Stuttgart 21« in die Tiefe – inzwischen hat die Deutsche Bahn bei diesem Projekt den Langsamgang eingeschalten.
Computerzeichnung: DB

■ Um mindestens vier Jahre verschoben – bis 2006 – ist Europas größter Bahnhofsbau, der von Berlin Hbf/Lehrter Bahnhof (2003).

hin ist die Deutsche Bahn derzeit mit den Berliner Bauvorhaben, den Bahnhöfen Papestraße, Gesundbrunnen und zuvörderst Lehrter Bahnhof/Hauptbahnhof sowie deren Finanzierung beschäftigt.

Unvollendet oder aufgeschoben

Das so genannte Bahnhofspaket der 21 (es werden auch andere Zahlen genannt) zu modernisierenden Bahnhofsgebäude blieb unvollendet oder schleppt sich dahin. Wiesbaden Hbf, Bielefeld, Kiel Hbf sind die Beispiele dafür, warum die Bürger und die Stadtväter zürnen. Es fehlt an Geld, Baufirmen gingen in Konkurs oder eine Rendite ist nicht mehr zu erwarten.

■ Neustadt (Dosse) (2001): Das Gebäude der ehemaligen Städtebahn steht leer, das an der Strecke Berlin–Hamburg wurde renoviert und steht ebenfalls leer.

Das Empfangsgebäude von Treuenbrietzen nebst Ladestraße, Rampe und 1195 m^2 Fläche kaufte 2003 ein Unternehmer aus Frankfurt am Main.

Um bei der Modernisierung der Gebäude zu Geld zu kommen, hilft sich Station & Service mit Leasingverträgen. Mit der Anzahlung der Leasinggesellschaften wird investiert. Dafür muss die Bahn das Empfangsgebäude nach der Fertigstellung mieten!

Erstmals wurden bis Ende 2002 für eine Bahnhofsentwicklungskonzeption sämtliche Bahnhofsgebäude unter dem Blickwinkel Kundeninformation, Erscheinungsbild, Aufenthaltsqualität, Reisebedarf, bauliche Anlagen, barrierefreie Zuwegung/Ausstattung, 3-S-Technik[2] und Intermodalität bewertet und länderweise mit je einem Foto in Katalogen vorgestellt, die sich »Einladung zum Dialog« nannten. Unter »Dialog« verstanden die DB-Manager Absichtserklärungen der Kommunen und Länder, entweder den Bahnhof zu kaufen oder sich finanziell an der Modernisierung zu beteiligen. Schon 2001 hatte Dieter Ullsperger als Geschäftsführer von DB-Imm eine Verkaufskampagne begonnen und allein in Sachsen 136 Kommunen die Empfangsgebäude zu »moderaten Preisen« angeboten. 51 Bürgermeister antworteten gar nicht, 19 interessierten sich für das Angebot, und zwölf gingen auf das Angebot ein. Am liebsten hätte die Deutsche Bahn den Ländern alle Immobilien im Paket verkauft. *»In Sachsen«*, so schrieb die »Sächsische Zeitung« am 23. März 2001, *»macht sie sich falsche Hoffnungen. Die Staatssekretäre [...] hatten für das Angebot nur ein Lächeln übrig.«*

Die damals parallel neben den Kaufangeboten angelegte Modernisierungs-Offensive, an der sich die Länder und Kommunen beteiligen sollten, brachte nicht den erwarteten Erfolg, zumal auch die Kommunen sparen müssen. In Nordrhein-Westfalen sollten von 2002 bis 2006 100 Bahnhofsgebäude renoviert werden.[3] 90 Prozent der Kosten – 250 Millionen Euro – wollte das Land tragen. 2004 musste die Deutsche Bahn einschränken, sie könne die 10 Prozent Eigenmittel nicht aufbringen, werde lediglich 60 Gebäude renovieren und zwar bis 2008.

2 3-S = Service, Sicherheit, Sauberkeit

3 Der Unternehmensbereich nennt übrigens das Renovieren »RenoViert-Methode«!

Der Bahnhof Rheinsberger Tor gehört zur Stadt Neuruppin; in das Haltepunktgebäude zog das Bürgeramt ein.

Wo sich niemand des Bahnhofsgebäudes erbarmt, wie in Halberstadt, wird vom Abreißen gesprochen. Ohne die scheinbar überflüssigen Empfangsgebäude geht der Eisenbahn ein Identifizierungspunkt verloren, den der bloße Bahnsteig mit dem hässlichen Betonunterstand in Rot, wie er auf vielen Haltepunkten anzutreffen ist, nicht ersetzt, und der Stadt oder Gemeinde ein markantes Bauwerk.

Früher war es das Bahnhofsgebäude wert, auf Postkarten abgebildet zu werden. Zum Glück gibt es noch Städte und Gemeinden, die an ihrem Bahnhofsgebäude so interessiert sind, dass sie es erhalten möchten. In Hameln lassen die Stadtwerke das Empfangsgebäude zu einem Einkaufs- und Mobilitätszentrum umbauen, in Ludwigsfelde wurde es das Stadtmuseum, in Altenberg (Erzgeb) ein Zentrum des Tourismus.

Und es gibt Eisenbahnen, für die es selbstverständlich ist, dass die Bahnhofsgebäude ihre Visitenkarten sind, nicht die der Kommunen. Die Usedomer Bäderbahn, hundertprozentige Tochtergesellschaft der Deutschen Bahn, denkt so, und auch die Harzer Schmalspurbahnen sind dieser Ansicht.

6. Der Napoleon des Schienenstrangs

In wenigen Jahrzehnten wird man sich, wie jetzt bereits, an Mehdorn nur mit dem Zusatz »Bahnchef« erinnern. Vollständig und korrekt geschrieben müsste es heißen: Hartmut Mehdorn, Vorstandsvorsitzender der Deutschen Bahn AG. Dieser Mehdorn hat es durch seine fast totale Präsenz zu einer Popularität gebracht, wie keiner der Vorgänger, nicht Heinz Otto Ferdinand Dürr (Vorstandsvorsitzender der Deutschen Bahn von 1994 bis 1997), nicht Heinz Maria Oeftering (Erster Präsident und Vorstandsvorsitzer der Deutschen Bundesbahn von 1957 bis 1972), nicht Erwin Kramer (Generaldirektor der Deutschen Reichsbahn von 1954 bis 1970) und auch nicht Arndt, Gohlke, Ludewig und wie sie alle hießen.

■ Mehdorn, der »Bahnchef«. Korrekt bezeichnet ist Hartmut Mehdorn Vorstandsvorsitzender der Deutschen Bahn. Foto: DB/Lautenschläger

Wie kommt das? Hartmut Mehdorn ist wie früher Dürr überall dabei, und immer ergreift er das Wort, hält die Ansprachen. Als die Hochgeschwindigkeitsstrecke Köln–Rhein/Main eröffnet wird, ist dies selbstverständlich, wenn zehn Jahre Regionalexpress-Linie 1 Brandenburg (Havel)–Frankfurt (Oder) zu würdigen sind, schon nicht mehr. Kaum ein Hintergrundgespräch mit Journalisten, bei dem Mehdorn nicht mit am Tisch sitzt und sich in einer 20-Minuten-Erklärung sachkundig gibt. Weil Mehdorn ein Hans Dampf in allen Gassen ist, treten die anderen Vorstände und ihre Vorsitzenden kaum in Erscheinung. Dabei sind Rausch, Malmström und Heinisch die »Bahnchefs« eigenständiger Aktiengesellschaften, die den »Sprecher« Mehdorn nicht benötigen. Wer kennt Klaus »Daubi« Daubertshäuser, den Marketing-Vorstand? Bensel, den Personalvorstand? Wenn es um die Deutsche Bahn geht, sehen alle nur Hartmut Mehdorn.

Der Mann muss, um das Mammut-Unternehmen Deutsche Bahn zu beherrschen und ständig irgendwo aufzutreten, einen 48-Stunden-Tag haben, kerngesund sein und die Gabe besitzen, Sachverhalte wenigstens für eine gewisse Zeit im Kopf zu behalten. Er referiert über das Preissystem, beschreibt die Vorzüge der neuen Organisation von DB-Verkehrsprojekt, spricht über den liberalisierten Verkehrsmarkt und wettert gegen jene, die das Netz von der Deutschen Bahn abspalten möchten. Berater, Assistenten und Redenschreiber arbeiten ihm zu, aber er muss die Dinge im Kopf behalten und eine gute Figur machen. Dass er nicht der Sachbearbeiter ist, merkt man spätestens dann, wenn er sich verhaspelt und die falschen Termini verwendet. Aus dem Heißläuferortungsgerät wird dann ein »Heißläuferordnungsgerät«. Bahn, Strecke, Zug – diese Begriffe vermengt er genauso wie die Journalisten. Was ein Zugführer und was ein Lokomotivführer ist, hat er nie begriffen, den Unterschied von Eisenbahner und Bahner, der nicht nur ein semantischer ist, auch nicht.

Vor Mikrofon und Kamera nimmt Mehdorn kein Blatt vor den Mund.

Mehdorn hat Eloquenz, aber nicht den Witz, der Dürr schmückte. Das Gedächtnis für Namen scheint zu fehlen. Die ebenfalls stets präsente Staatssekretärin aus dem Bundesverkehrsministerium, Elke Ferner, wird bei der Begrüßung ebenso übergangen wie andere Lokalgrößen, die sich zu einem Ereignis eingefunden haben. Man vermisst den freundlichen Umgang auch mit scheinbar weniger bedeutenden Menschen. Das waren Eigenschaften, die Heinz Dürr auszeichneten. Unwillkürlich vergleicht man, sobald Mehdorn auftritt. Ihm fehlt auch die von einem Dialekt gefärbte Sprache. Mehdorn ist ein Berliner, aber er berlinert nicht. Genuss sind seine Ansprachen nicht. Ihm fehlen die geschliffenen Worte, und die Bilder stimmen nicht. Er unterdrückt die Silben, quetscht die Worte, verhaspelt sich, dass man ihm den Gang zum Logopäden raten möchte. Die Gedanken sind schneller als seine Sätze, ihm geht alles zu langsam.

Hartmut Mehdorn wurde am 31. Juli 1942 als Sohn eines Fabrikanten für Spritzgussteile in Berlin geboren. Hier studierte er Maschinenbau und begann 1964 bei den Vereinigten Flugtechnischen Werken-Fokker in Bremen. 1976 wurde er Programmleiter für den Airbus A300, 1980 Vorstand von Airbus in Toulouse. 1985 ging er als Abteilungsleiter Transport

Bei Ansprachen – hier zur Eröffnung des Leipziger Flughafens und des Bahnhofs am 30. Juni 2003 – muss er sich bremsen. Die Gedanken sind schneller als die Zunge.

und Verkehrsflugzeuge bei Messerschmidt-Bölkow-Blohm (MBB) nach Hamburg, wurde 1986 Mitglied der MBB-Geschäftsführung in München. Als MBB mit anderen Firmen zur Deutschen Aerospace (DASA) verschmolz, wurde er 1993 Vorstandsmitglied der zum Daimler-Konzern gehörenden Firma. Zwei Jahre danach wurde nicht er, sondern Manfred Bischoff Nachfolger des DASA-Chefs Jürgen Schrempp. Verärgert verließ der begeisterte Pilot die Flugzeugindustrie. Er wurde als Vorstandsvorsitzender zur Heidelberger Druckmaschinen AG vermittelt, die zum Energiekonzern RWE gehört.

Mehdorn ist Ehrendoktor der Technischen Universität Hamburg-Harburg. Er trägt das Bundesverdienstkreuz Erster Klasse und seit 2001 den Offiziersorden der französischen Ehrenlegion. Am 14. Mai 2004 verlieh ihm Frankreichs Staatspräsident Jacques Chirac den Orden »Kommandeur der Ehrenlegion«. Mit weiteren Ämtern ist Mehdorn weit weniger gesegnet als sein Vor-Vorgänger Heinz Dürr. Am 20. September 2002 wählten ihn die Mitglieder der Projektgesellschaft Metrorapid zum Aufsichtsratsvorsitzenden. Das unsinnige Projekt ist durch den Sparzwang der Bundesregierung gestorben. Zwei Tage später ließ er sich in den Vorstand der Stiftung Lesen berufen, er, der jährlich – ohne Hausmitteilungen – 10.000 Zuschriften erhält und sich erst im Urlaub vom schnellen Postlesen auf die Literatur umstellen kann.

Er besitzt ein Ferienhaus in Südfrankreich, genießt dort im Urlaub die französische Lebensart, sitzt gern vor einem Café auf dem Marktplatz. Mit der Konversation dort hat er keine Schwierigkeiten, denn er ist mit einer Französin verheiratet, die er während seiner Zeit in Toulouse kennen lernte.

Nach dieser Vita ist es einleuchtend, warum die Deutsche Bahn, bislang das Auffangbecken von Mitarbeitern jeder Couleur der Treuhandgesellschaft, nun den Angestellten der Lufthansa eine berufliche Heimat bot. Doch diese Bewegung, nicht nur Personal von der Luftfahrt zu rekrutieren, sondern auch deren Geschäfte zu kopieren, setzte bereits bei Johannes Ludewig ein, der über die »Hanseaten« mehr begeistert war als seine Eisenbahner.

Über Mehdorn sind die Meinungen geteilt. Bundeskanzler Gerhard Schröder meint sicherlich, er haben keinen Besseren. Das weiß auch Mehdorn. Anders kann man sich das rigorose Zusteuern auf das Ziel der Kapitalmarktfähigkeit der Deutschen Bahn bzw. sie an die Börse zu bringen, nicht erklären. Nicht zu vergessen, sein harsches Auftreten in den Bundestagsausschüssen.

Kindheitsträume

Jeder Junge träumte einmal davon, Lokomotivführer zu werden. Hartmut nicht. Er wollte Pilot werden. Als 60-Jähriger träumt er davon, Kapitän auf hoher See oder Bundeskanzler zu sein. Als die »K-Frage« gestellt wurde, dachte niemand an ihn. Dafür überredete Bundeskanzler Schröder den Chef von Heidelberger Druck zur Nachfolge des glücklosen Dr. Johannes Ludewig. Am 14. September 1999 konnte der Aufsichtsratsvorsitzende Dr. Dieter Vogel den neuen Bahnchef vorschlagen. Der trat am 16. Dezember 1999 den »zweitschwierigsten Job«, der in Deutschland zu vergeben geben war, mit einem Jahresgehalt von lächerlichen drei Millionen Mark an. Mehdorn sollte die Bahnreform vollenden und dafür

■ In Jüterbog zurück nach einer ETCS-Vorführfahrt: Mehdorn und stets bei ihm Staatssekretärin Elke Ferner sowie, immer finster blickend, Kommunikationschef Dieter Hünerkoch (7. Juli 2003).

sorgen, dass die Deutsche Bahn der Staatskasse nicht mehr zur Last fällt. Hatte er in Heidelberg die Verdoppelung des Umsatzes, die Vervierfachung des Gewinns und den Gang an die Börse erreicht, warum sollte ihm nicht ein zweiter Erfolg beschieden sein? Er war überrascht, in welch komplexem Unternehmen er an der Spitze stand, und ganz ungewohnt, wie ausdauernd sich Politiker einmischten, vom Landrat, der verbissen um den Halt der Intercity-Expresszüge in Mannheim kämpft *(»Regionalpolitik auf unsere Kosten, um von eigenen Fehlleistungen abzulenken«)*, über die Landesverkehrsminister, die verstockt auf den Wegfall der Interregios reagierten *(»die sollen die unrentablen Züge gefälligst selbst finanzieren«)*, bis zum Bundesverkehrsminister, der über die Zuschüsse bestimmt.

■ Ganz ohne Politiker geht es nicht. Beim Richtfest der DB-Akademie in Potsdam am 23. Juni 2004. Ministerpräsident Matthias Platzeck, Mehdorn, Personalvorstand Dr. Norbert Bensel, Potsdams Oberbürgermeister Jann Jacobs (von links).

Auf dem politischen Parkett ist er wenig beliebt, aber populär. Er lässt ja kein Fettnäpfchen aus. So wie er bei anderen Offenheit, Zuverlässigkeit und Ehrlichkeit schätzt, nimmt er kein Blatt vor den Mund, um mit der Kraft einer Dampfwalze sein Ziel anzusteuern. Wer sich ihm in den Weg stellt, darf nicht auf Liebenswürdigkeit hoffen. Wer mit Mehdorn anderer Meinung ist (wie die Bundestagsabgeordneten Horst Friedrich [FDP] oder Dirk Fischer [CDU]), gar die Gegenwehr organisiert (wie die Gewerkschaft Transnet), den verachtet und verhöhnt Mehdorn (siehe auch Kapitel 7).

Er versteht es Schluss zu machen, endgültig, wenn lange über ein Projekt diskutiert wird. Beim Transrapid in Nordrhein-

Westfalen, der dort keine Verkehrsprobleme löst, beim Hallenbau des Lehrter Bahnhofs in Berlin. Mag der Architekt auch verschnupft sein, dass sein Entwurf durch die verkürzte Halle verunstaltet wurde. Mehdorn stört das nicht; der Bahnhof soll endlich fertig werden. Ihm macht es auch nichts aus, öffentlich zu erklären, die Deutsche Bahn werde das neue europaweite Zugbeeinflussungssystem ETCS nicht finanzieren. Wenn die Europäische Union es haben wolle, solle sie das Geld geben, wir haben bereits ein System für hohe Geschwindigkeiten.

Der heimliche Minister

Mehdorn klagt nicht nur über die Politiker; er versteht es auch, sich gegen sie durchzusetzen. Bundesverkehrsminister Kurt Bodewig wollte mehr Wettbewerb, die Trennung des Netzes vom Betrieb. Mehdorn drohte mit Rücktritt, Schröder bezog Position für Mehdorn. Bodewig war nur noch bis zur nächsten Bundestagswahl 2002 Minister. Der heimliche Bundesverkehrsminister heißt Mehdorn, für die Eisenbahn, Bodewig oder Stolpe für die anderen Verkehrsträger.

Er hat die Kritiker im Aufsichtsrat kaltgestellt, selbst dessen Vorsitzenden Dieter Vogel, der Mehdorn nicht leiden konnte. Sie waren zu gegensätzlich. Vogel wollte halb Pavarotti, halb Ford sein, fährt nicht S-Klasse wie Mehdorn, sondern Taxi und soll über dessen Büro in der 25. Etage Potsdamer Platz 2 in Berlin gesagt haben: *»Solches haben nur Leute nötig, die zu klein geraten sind.«* Die Behauptung des Bahnvorstandes, es sei gelungen, weitere Kostenpotenziale zu heben, brachte das Fass zum Überlaufen. Vogel war der Meinung, dahinter stecke eine Schwarzmalerei mit den Gewinnen, um 2004 strahlend als Erfolgsmensch dazustehen. Er wollte die Rechnerei mit den Gewinnschätzungen nicht mittragen.[1]

Zunächst wurde der Eindruck geweckt, Bahnchef und Aufsichtsratsvorsitzender harmonierten miteinander. Die *Bahnzeit* 1/2000 zitierte Vogel: *»Mehdorn ist der Mann, den die Bahn jetzt braucht. Er gehört zu den wenigen, die die handwerkliche Seite des Managements noch wirklich beherrschen.«* Dann aber kursierte das Gerücht, Vogel habe in St. Moritz über den Bahnchef geäußert, er sei eine Fehlbesetzung. Schröder bezog öffentlich Position für Mehdorn und forderte Vogel auf, sich mit ihm zu vertragen. Mehdorn wünschte, von Vogel erlöst zu werden. Ihn einzusetzen oder abzuberufen, war Sache des Bundesverkehrsministers. Franz Müntefering hatte in seiner kurzen Amtszeit als Minister Vogel zum obersten Kontrolleur der Deutschen Bahn gemacht. Wäre Schröder auf Mehdorns Wunsch eingegangen, hätte er den Generalsekretär seiner Partei, der Müntefering mittlerweile war, brüskiert.

Weil die Spannungen zwischen dem Aufsichtsratsvorsitzenden und dem Vorstandsvorsitzenden kein Ende nahmen, wünschte Vogel den Bundeskanzler zu sprechen. Der hatte keine Zeit für ihn. Da schrieb er am 7. März 2001 dem Bundesverkehrsminister Bodewig einen Brief: *»Sehr geehrter Herr Minister, seit einiger Zeit sind Gerüchte über Differenzen*

---

1 2002 sollte es 1,62 Milliarden Mark Gewinn geben; nach der Mittelfristplanung von 2000 waren es plötzlich 1,87 Milliarden Mark Verlust geworden.

zwischen Herrn Mehdorn und mir in der Führung und Kontrolle der Deutsche Bahn AG aufgetaucht. In den letzten Tagen häuft sich die Berichterstattung über meine vermutete Ablösung als Aufsichtsratsvorsitzender. Ich selbst habe bisher keine Hinweise darauf von Ihnen oder einem anderen Regierungsmitglied bekommen. Da sich die Bundesregierung in dieser Lage nicht eindeutig hinter mich gestellt hat, lege ich hiermit mein Amt als Vorsitzender des Aufsichtsrates mit sofortiger Wirkung nieder.

Um der Legendenbildung vorzubeugen, versichere ich Ihnen, dass es von meiner Seite zu keiner Zeit Eingriffe in Geschäfte gegeben hat, die nach Gesetz, Satzung oder Geschäftsordnung dem Vorstand vorbehalten sind. Andererseits habe ich stets darauf geachtet, dass die in den Zuständigkeitsbereich des Aufsichtsrates fallenden Verantwortungen pflichtgemäß auch dort wahrgenommen werden. Für andere Vorstellungen vom Verhalten eines Aufsichtsrates stehe ich jedenfalls nicht zur Verfügung.

Ich trete nicht leichten Herzens zurück, weil ich um die Zukunft dieses für Deutschland so wichtigen Unternehmens und seiner Mitarbeiter besorgt bin, sowohl was die eingeschlagene Strategie anbelangt, als auch was die sich abzeichnende Unternehmenskultur betrifft. Freundliche Grüße Dieter Vogel«

Damit war viel gesagt, für Mehdorn aber der Weg frei. Denn Vogels Nachfolger seit 14. März 2001, der TUI-Chef (»Herr über 100.000 Betten«) und fünffache Aufsichtsrat Dr. Michael Frenzel, hat kaum Zeit, sich um die Deutsche Bahn intensiv zu kümmern oder gar in das Geschäft eines Hartmut Mehdorn hineinzureden.

Alle auf Linie

Die Schwarz-Weiß-Malerei ist Mehdorn eigen. Öffentlichkeitswirksam drohte er am 24. März 2000, ohne Kurskorrektur bis 2004 werde es Verluste von 13,3 Milliarden Mark

Im Schloss Bellevue überreichte Hartmut Mehdorn am 14. November 2003 Frau Christina Rau, der Schirmherrin des Müttergenesungswerks, einen Scheck über 167.856 Euro. Der Betrag war von den Eisenbahnern während der Bahntage im Jahr 2003 gesammelt worden.

■ Dr. Karl-Friedrich Rausch, der Personenverkehrs-Vorstand, scheint mit Staatssekretärin Margareta Wolf gut auszukommen. Mehdorn hatte sie bei der Fahrpreisdiskussion ignoriert.

und Schulden von 20 Milliarden Mark geben, das Eigenkapital werde aufgezehrt. Da helfe nur, die Löhne zu senken, Wettbewerbsgleichheit herzustellen und sich von allem zu trennen, was die Fahrt an die Börse aufhalte.

Innerhalb des Konzerns löste er die »Offensive Bahn« aus und holte die aus ihrem Vorstandssessel, die nicht das Soll erfüllten: Horst Föhr, Dieter Ullsperger, Thilo Sarrazin sowie, wie im 2. Kapitel beschrieben, Christoph Franz und Hans-Gustav Koch. Er brachte sie alle auf Linie. Wegen dieser absolutistischen Art erfand jemand den Beinamen Napoleon, der schnell die Runde machte. In Überschriften der Zeitungen während des Irak-Krieges las man auch vom »Rumsfeld des Schienenstrangs«.

Wer nicht zum Konzern gehört, sondern »draußen« aufmüpfig ist, muss mit Verachtung (wie die Ministerin Renate Kühnast) oder mit »juristischen Schritten« (wie der Vorsitzende von Pro Bahn, Karl-Peter Naumann) rechnen.

Mehdorns Selbstbewusstsein ist kaum zu überbieten. Was sein größter Fauxpas gewesen sei, wurde er einmal gefragt. *»Da gibt es keinen. Sicherlich viele kleine – aber das war gestern.«* Damit hält er sich nicht auf. Darüber nachzudenken ist ihm zu langweilig.

Aus der Deutschen Bahn machte er »Die Bahn«, ein Alleinvertretungsanspruch. Wen gibt es sonst noch? Die Bahn symbolisiere *»die Öffnung des Konzerns nach Europa und stärke das Wir-Gefühl«*, sagt er bei offizieller Gelegenheit. Warum ohne das nationale Attribut? Dieter Vogel sah das auch so. *»Sie heißt nun mal Deutsche Bahn, dabei bleibt es.«* Der Kompromiss lautet dann, nur in der Werbung soll es als Mini-Slogan »Die Bahn« heißen. Ein Streit um Worte? Die Bahn ist nach Mehdorns Verständnis »seine Bahn«. Das rutschte ihm zur Bilanzpressekonferenz im Mai 2001 heraus: *»Die Bahn gehört nicht dem Vorstand, leider nicht.«* Ihn behelligen noch die Bundesregierung und andere politische Instanzen.

Nicht alle nennen ihn liebenswürdig und höflich. Wenig galant zeigte er sich auch gegenüber dem Aufsichtsratsmitglied Margareta Wolf, Staatssekretärin im Umweltministerium.[2] »*Was Wolf macht, ist ihre Sache*«, war Mehdorns Reaktion zu der Anhörung über das neue Preissystem, zu der Frau Wolf eingeladen hatte. Man hätte sich das Verhalten der Bahn und ihres Chefs etwas kooperativer vorstellen können.

Menschlicher Umgang

Wohin mit der Hand? Ansprache zum Lückenschluss des Berliner S-Bahnrings am 15. Juni 2002.

Dagegen sind seine engeren Mitarbeiter des Lobes voll über den menschlichen Umgang, mögen sie auch unter Mehdorns »Achtstundentag« (von 8 bis 20 Uhr) leiden. Die Eisenbahner der unteren Ebene haben sich nie besonders für ihre obersten Chefs interessiert, im Osten nicht und im Westen auch nicht. Das war und ist eine andere Welt, die von Managern und nicht von Eisenbahnern. Auch die monatlichen »Kompetenztreffs« mit jeweils 50 Eisenbahnern einer Berufsgruppe ändern nichts am Desinteresse an dem, was sich »da oben« tut. Die Gewerkschaft Transnet spricht von einer Vertrauenskrise. Sie hat ihre Ursache darin, dass das Personal nur als ein Kostenfaktor gesehen wird. Es ist beim Gang an die Börse eher hinderlich.

Trotzdem sagen viele: »Solch einen Bahnchef hatten wir noch nicht.« Der quirlige Kerl erscheint zwar stets im dunklen Anzug, fährt auch mit dem Zug und ist sich nicht zu fein, im schnöden Liegewagen zum Ferienhaus in Südfrankreich zu fahren. Denn die Franzosen hatten nach dem Brand eines Schlafwagens am 6. November 2002 bei Nancy die deutschen Schlafwagen ohne Rauchmelder nicht mehr auf ihr Netz gelassen.

Mehdorns einfache und manchmal auch drastische Sprache kam bei den Eisenbahnern an der Basis an. Für noch mehr Zustimmung sorgte, wie sich der Bahnchef sogleich nach dem Unfall in Brühl am 11. Februar 2000 vor den Lokomotivführer stellte, den alle für den Schuldigen hielten. Beliebt ist der Mann, weil er zuhört und den Eindruck erweckt, sich in seinem Laden auszukennen. Da sagt jemand: »*Endlich mal einer, der uns vertritt!*« Sie zeigen sich von seiner ehrlichen Art beeindruckt. Als Mehdorn am 2. Juni 2003 in der ARD-

2 Sie rückte 2003 für den am 4. Dezember 2002 im Aufsichtsrat ausgeschiedenen Albert Schmidt nach. Der ist verkehrspolitischer Sprecher der Bundestagsfraktion Bündnis 90/Die Grünen und wollte nicht gleichzeitig im Aufsichtsrat der Deutschen Bahn sitzen.

Fernsehsendung Beckmann über das verfehlte Preissystem sprechen sollte, vergaß er nicht, »seine Eisenbahner« in Schutz zu nehmen. Das besorgte er auch durch regelmäßige Medienschelte in der Mitarbeiterzeitung *Bahnzeit,* wenn er zur angeblich falschen Berichterstattung leitartikelt und imaginäre Journalisten angreift, die *»ihre Leistung in Misskredit bringen«,* mag er auch die Beispiele schuldig bleiben. Für diejenigen, die sich mit dem Unternehmen Deutsche Bahn noch identifizieren und unter der Kritik »von außen« leiden, sind solche Artikel und Mitarbeiterbriefe Balsam. *»Wir sind nicht die Putzlappen der Nation«,* ruft er den Eisenbahnern zu, *»macht den Rücken gerade und wehrt euch!«*

Werbung für den Transrapid Berlin – Hamburg am Empfangsgebäude von Schwerin (Meckl) Hbf. Wenn schon Transrapid, dann wollte die Deutsche Bahn die Betriebsführung übernehmen. Ansonsten waren Ludewig und Mehdorn gegen ihn.

Die Angegriffenen, die Presse-, Hörfunk- und Fernsehjournalisten, sehen das freilich anders. Ihre Aufgabe ist es nicht, die Selbstdarstellung der Deutschen Bahn in den Presseinformationen und teuren Broschüren weiterzugeben, sondern auf die Schwachpunkte hinzuweisen und Anwalt der Reisenden zu sein. Sie sehen die Deutsche Bahn (mit Recht) noch als ein öffentliches, vom Steuerzahler gestütztes Unternehmen, bei dem man einiges in Frage stellen kann.

Um diesen Widerspruch zu überwinden, sich selbst zu loben, andererseits ständig kritisch beäugt zu werden, hatte sich Mehdorn einen alten Freund aus den Zeiten bei VFW-Fokker in den Konzern geholt: Dieter Hünerkoch, der zuletzt Wirtschaftsredakteur beim Magazin *Stern* war. In einer Ecke stehend, eine Hand in der Hosentasche, mit der Leidensmiene eines Magenkranken, war er stets dort zu sehen, wo Mehdorn auftrat. Anfangs ergriff er Partei für die Journalisten und hatte Verständnis für sie und ihre Neugier. Dann wechselte die Laune. Der Vorstand fand sich selbst gut, die Deutsche Bahn war *»die beste Bahn, [...] ganz Europa beneidet uns«,* aber die unabhängigen Medien berichteten anders. Unklar ist, ob Mehdorns Art auf Hünerkoch abfärbte oder der seinem Chef von der Strategie des »Zurückschießens« überzeugte. Als der »Platow-Brief«[3] am 3. September 2001 die Beobachtungen der Stiftung Warentest zur Pünktlichkeit widergab, schrieb Hünerkoch: *»Lie-*

3 Ein Periodikum mit Unternehmens- und Personalinterna

ber Platow-Brief, na toll, wer durfte sich hier mit all seinen (Vor)Urteilen austoben? Vielleicht sollten Sie sich auch mal die Test-Methoden von Stiftung Warentest ansehen. Ich erläutere sie Ihnen gerne, ich hab' sie nämlich ausprobiert. Und was Platow betrifft, bin ich als langjähriger Leser eigentlich präzise Recherche statt Schaum vorm Mund gewöhnt. Sollte sich da was geändert haben?« Souverän war das nicht.

Die Bahn wehrt sich

Bei der anfänglichen Gelassenheit des Bereichsleiters Kommunikation Hünerkochs blieb es nicht. Die bei Gerichten durchgesetzte Einstweilige Verfügung zur Unterlassung sowie zum Abdruck von Gegendarstellungen wurde eine der Waffen Hünerkochs, mit der er sein Konzept verteidigte, die Deutsche Bahn in freundlichen Farben gemalt zu bekommen. Im Herbst 2003 gingen dem *Manager-Magazin* 100.000 Euro Einnahmen verloren, weil Stinnes, die Speditionstochter der Deutschen Bahn, Anzeigen zurückzog. Hünerkoch hatte Arno Balzer, dem Chefredakteur, noch vorgeworfen, eine Titelstory sei *»handwerklich miserabel, oberflächlich und einseitig recherchiert.«* Die Unterstellung wies Balzer zurück, obgleich Hünerkoch geschrieben hatte, er könne sich eine Antwort auf seinen Brief sparen. Zur Krönung des Umgangs mit den Medien trug der im Intranet der Bahn kursierende, allerdings unautorisierte Brief des Finanzvorstands Diethelm Sack vom 4. November 2003 bei, der den »lieben Mitarbeitern« erklärte, *Wirtschaftswoche, Manager-Magazin* und *Capital* betrieben Rufmord. *»Mit journalistischen Methoden der dreißiger Jahre werden dem Vorstand zweifelhafte oder gar kriminelle Handlungen angedichtet. [...] Gilt in machen Redaktionsstuben jetzt die Hetze als Ersatz für sachliche Argumente?«* Im Januar 2004 suchte die Abteilung Konzernsicherheit mit Hilfe eines Aushangs die Informanten der Journalisten Markus Wacket (Reuters), Klaus Ott *(Süddeutsche Zeitung)*, Olaf Wilke *(Focus)* und Christian Seidenbiedel *(Frankfurter Allgemeine Zeitung)*. Sicherlich ohne Erfolg. Eine Belohnung für das Denunzieren war nicht ausgesetzt.

Freilich wird in den Publikationen auch manch dummes Zeug geäußert. *Bild* schreibt über die »Trottel-Bahn«, *Coupé* behauptet, in jedem dritten Abteil werde geschlechtlich verkehrt. Willige Schaffnerinnen erkenne man an der aufgeknöpften Bluse. Das bezog sich auf die Erlaubnis, dass die Eisenbahner im Sommer kurzärmlige Hemden tragen und den Kragenknopf öffnen durften! Was da geschrieben wird, stimmt Mehdorn traurig. So schlimm hatte er sich das Amt nicht vorgestellt.

Gesundheitsministerin Andrea Fischer erfuhr beim Besuch der Bahnhofsmission des Bahnhofs Berlin Zoologischer Garten, der Bahnvorstand möchte nicht, dass hier Obdachlose gespeist werden. Sie lamentierte, Bahnhöfe seien ein öffentlicher Ort. Mehdorn: *»Die Fischer kann im Reichstag eine Essenausgabe organisieren. Der ist doch auch ein öffentlicher Ort. Warum werden nicht die Rathäuser und Kirchen dafür geöffnet?«* Diese Polemik kam im Vorstand und im Bereich Kommunikation gut an, strategisches Denken verriet sie nicht. Denn nicht Frau Fischer musste sich rechtfertigen, Mehdorn musste um das Einvernehmen mit der Caritas besorgt sein.

»Das hört jetzt auf!«

Die Pressekonferenz für die Bilanz des Jahres 1999 nutzte er, um ein Dutzend Beispiele aufzuzählen, wie in die Deutsche Bahn hineinregiert wird, von Länderministern und Vorsitzenden der Bundestagsausschüsse. *»Das hört jetzt auf«*, war Mehdorns Imperativ nach jedem Beispiel. So hatte man es noch nie von einem Bahnchef gehört.

Andere wiederum geben ihm die Schuld für den rigorosen Personalabbau, für die andauernden Ausgründungen trotz des Geredes über die Bahn aus einem Guss. Manche finden seine Auftritte merkwürdig, wie er zum Beispiel in einer Sendung von 3sat den Kritiker des Preissystems permanent mit *»Sie haben keine Ahnung!«* abbügelte. Kein Medium lässt sich die Gelegenheit entgehen, ein Interview mit Mehdorn zu veröffentlichen. Irgendwann kommen die Fragen zu den zwiespältigen Erfahrungen, die man mit dem Moloch Deutsche Bahn hat. Der Bahnchef weicht nicht aus, sondern vertritt seinen Standpunkt.

Insofern wird Mehdorn sympathisch. Er ist nicht der Stromlinienförmige, die es in seinem Konzern zuhauf gibt, die sich jeder Charakterisierung entziehen. Er kann ruppig und verbohrt sein, doch stets ist er authentisch. Wie er spricht, so ist er, und wie er ist, so spricht er. Er hat dadurch nicht nur Freunde um sich. Bei der Dominanz eines Hartmut Mehdorn steht das Führungspersonal im Schatten. Außenstehenden ist es kaum erkennbar. Der bereits genannte Kommunikationschef Dieter Hünerkoch warf Anfang Februar 2004 das Handtuch. Aus »persönlichen Gründen«, lautete die Presseerklärung. Mancher vermutete, er wolle in seinem Wohnort Buxtehude das Familienleben pflegen, vielleicht habe er auf seine Gesundheit Rücksicht zu nehmen. Zwei Gründe sollen die »Abdankung« bewirkt haben: Politiker baten Mehdorn, seinen »Kettenhund« an die Leine zu nehmen. Die wiederholten Drohungen mit der Justiz wollten sie nicht mehr hinnehmen. Außerdem fühlte sich Hünerkoch übergangen, da Ralf Klein-Bölting[4] zum 1. Februar 2004 zum Generalbevollmächtigten Konzernmarketing bestellt wurde, ohne dass Mehdorn ihn vorher informierte. Markenführung, Public relations und konzernübergreifende Werbung waren bisher die Aufgabe der Kommunikation. Hünerkoch schmollte keineswegs in Buxtehude, sondern verdient weiter gutes Geld im Bahnkonzern – als Berater.

Das Karussell dreht sich

Auch unter Mehdorn drehte sich das Personalkarussell unermüdlich. Der eine springt auf, der andere wird abgeworfen. Systematisch wurden Führungskräfte ausgetauscht. Kein gelernter Eisenbahner ist darunter, aber eine Anzahl von Mehdorns Bekannten aus dem vorangegangenen Berufsleben.

Nach der Umkehr vom als »Quantensprung« bzw. »Big bang« (Hünerkoch) bejubelten System der Fahrpreise kam es, wie im 2. Kapitel beschrieben, zur Ablösung des Vorstan-

4 Bis dahin Vorstand der Tschibo Frisch-Röst-Kaffee GmbH

des Personenverkehr. Nachfolger von Dr. Christoph Franz wurde am 1. August 2002 Dr. Karl-Friedrich Rausch. Der war Ende 2000 von der Lufthansa zur Deutschen Bahn gekommen, um am 1. Januar 2001 den Vorstandsessel Technik einzunehmen. Den hatte Roland Heinisch verlassen, um bereits am 1. September 1999 Vorstandsvorsitzender von DB-Netz zu werden.

Der übrigens uneitle und gelassen wirkende Rausch, den man häufig mit dem verbeulten Alu-Koffer im ICE sieht, leitet den Personenverkehr mit Geschick. Seinen Platz im Ressort Technik nahm – nun nur als Generalbevollmächtigter – Stefan Garber ein, gleichzeitig ist er Leiter des Zentralen Einkaufs. Rausch lässt sich seit Juli 2003 von einem alten Lufthansa-Kumpel beraten: Hemjö Klein, Personenverkehrsvorstand von 1982 bis 1993 der Deutschen Bundes- und auch der Reichsbahn. Der eloquente Manager ist Geschäftsführer der Beteiligungs- und Business-Angel-Firma Live Holding AG in Dreieich, die wenig Glück hatte, die Musicalfirma Stella zu retten.

Am 1. Juni 2004 verließ Karl-Dietrich Reemtsema den Posten des Vorstandsvorsitzenden DB-Fernverkehr, den er erst seit einem Jahr innehatte. Aus »gesundheitlichen Gründen« lautete die Begründung. Oder hatte man ihm vorgeworfen, an den Fahrzeugausfällen mitschuldig zu sein? Reemtsema war bis 1993 für die Fahrzeugbeschaffung des Fernverkehrs zuständig. Neuer Vorstandsvorsitzender des Fernverkehrs (von der Bezeichnung Reise & Touristik hat man sich verabschiedet, die Touristik spielt keine Rolle mehr) ist Dr. Nikolaus Breuel, Sohn der EXPO -Generalkommissarin Birgit Breuel, der 1996 als Sprecher der Geschäftsführung dvm Deutsche Verkehrsdienstleistung und Management GmbH (aufgegangen in DB-Service) bei der Deutschen Bahn begann und anschließend Leiter des Bereichs Konzernentwicklung wurde. Rausch rühmte Breuel als »kompetenten und zugleich bahninternen Nachfolger«.

Dem Regional- und Stadtverkehr steht seit 1. Februar 2000 der Bauingenieur Ulrich Homburg vor, den manche als Fachmann und wegen seines Schneids gegen die Gewerkschaften schätzen, andere wiederum als arrogant ablehnen. Homburg kam von der Deutschen Eisenbahn-Gesellschaft, die inzwischen in Connex aufging, den ärgsten Nebenbuhler der Deutschen Bahn. »Im Gegenzug« wechselte der ein Feuerwerk von Ideen sprühende Hans Leister zu Connex. Er soll über die Besetzung des Konzernbevollmächtigten in Berlin durch Debuschewitz verärgert gewesen sein. Leister war Konzernbevollmächtigter für das Land Brandenburg und für die beiden Bundesländer Leiter der Niederlassung von DB-Regio.

Der Personalvorstand bei DB-Regio seit 1. Mai 2001, Kay Uwe Arnecke, wechselte 1995 von der Treuhandanstalt zur Deutschen Bahn und war zuletzt kaufmännischer Geschäftsführer der dvm, einer DB-Tochtergesellschaft für Verkehrsdienstleistung und Management. Aus dem Schatten des Personenverkehrsvorstands Franz trat der Güterverkehrschef seit 1. Juli 2000, Dr. Bernd Malmström, heraus, als die Deutsche Bahn im Herbst 2003 Stinnes kaufte. Der 1941 in Kiel geborene und 1972 als Jurist promovierte Malmström ist ein alter Bekannter Mehdorns aus den Zeiten von VFW-Fokker/MBB. Er wechselte zur VEBA AG und 1986 zu Stinnes, wo er zehn Jahre später Vorstandsvorsitzender der Spedition Schenker-Rhenus wurde. 2000 kam er zur Deutschen Bahn, um dem Cargo-Vorstand Dr. Eberhard Sinnecker nachzufolgen. Er war es auch, der Mehdorn animierte, Stinnes zu kaufen und damit die unter Dürr verkaufte Schenker-Spedition – übrigens zum Zehnfachen des damals erzielten Verkaufspreises – zurückzuholen.

Ist Malmström der Güterverkehrs-Chef im Konzern, wurde Dr. Klaus Kremper am 1. Juli 2002 Vorstand von DB-Cargo, am 1. September 2003 in Railion Deutschland umbenannt. Er löste Dr. Karl-Heinz Jesberg ab, der in den Ruhestand ging. Auch Kremper ist Mehdorns Bekannter aus Aerospace-Zeiten. 2000 kam er zu DB-Cargo und machte sich durch die Aktion MORA C, je nach Sichtweise, bekannt oder berüchtigt (siehe Kapitel 3).

Gleichfalls fachfremd, aber durch seine Tätigkeit bei der Treuhandgesellschaft und der Lufthansa bei der Deutschen Bahn bestens empfohlen, wurde André Zeug am 1. April 2002 Vorstand der der Deutschen Bahn zur Hälfte gehörenden Kombi-Verkehr KG. Zeug gilt als potenzieller Nachfolger Malmströms.

Ebenfalls am 1. April 2002 wurde Karl Michael Mohnsen Vorstand Wagenladungsverkehr von DB-Cargo. Er kam von der Spedition Hellmann, bei der er seit 1993 Generalbevollmächtigter und Mitglied des Executive Board war, und verschwand ohne Angabe von Gründen am 1. Juli 2004. Zum 1. Oktober 2001 wurde der Holländer Robert Etmans Personalvorstand von DB-Cargo. Er löste Birgit Ganz-Rathmann ab. Der Gastronom Etmans kam 1993 von der Lufthansa zur MITROPA, war seit 1998 für 29.500 Frauen und Männer Zugpersonal zuständig und in Personalunion Projektleiter Inbetriebnahme der Hochgeschwindigkeitsstrecken Köln–Rhein/Main und Nürnberg–Ingolstadt–München.

Im Oktober 2001 trennte sich Mehdorn vom Vorstand Infrastruktur der DB-Netz AG, Dr. Thilo Sarrazin, der eine unterschiedliche Meinung zur Finanzierung des Streckennetzes hatte. Sarrazin wurde Finanzsenator in Berlin und stritt noch vor Gerichten vergeblich um die Abfindung. Am 1. Oktober 2002 wurde Karl-Heinz Stroh Personalvorstand von DB-Netz in Personalunion mit dem Personalvorstand von DB-Fahrweg. Stroh war vorher Vorstandsvorsitzender der UpGrade – The Human Ressources Company in Ottobrunn, die in Personalangelegenheiten beriet.

Dr. Norbert Bensel, zuvor Vorstandsmitglied der Daimler-Chrysler-Services AG, wurde am 24. Mai 2002 Personalvorstand und Arbeitsdirektor. Damit war die seit 1. Januar verwaiste Stelle wieder besetzt, hatte man doch Dr. Horst Föhr aus dem Vorstand abgeschoben und zum Sprecher der Geschäftsführung DB-Services gemacht. Diese Stelle gefiel ihm nicht, und so sagte er im Mai 2003 »auf eigenem Wunsch« der Bahn Adieu. Seine Stelle nahm am 1. Juli Dr. Lutz Bücken, ehemals Lahmeyer AG, ein. Bücken und Garber sind alte Bekannte Mehdorns aus seiner Heidelberger Zeit. »Verstärkt« wurde zum 1. Juni 2002 die Geschäftsführung des Riesenunternehmens DB-Services[5] durch Matthias Kiekebusch. Er übernahm zugleich den Vorsitz der Geschäftsführung der Immobiliengesellschaft der Deutschen Bahn – DB-Imm. Kiekebusch war vier Jahre in dem Immobilienunternehmen Jones Lang La Salle tätig.

Der Aktiengesellschaft Station & Service blieb die Verwaltung der Bahnhofsgebäude und Haltepunkte. Ihr Vorstandsvorsitzender ist Wolf-Dieter Siebert, der in der Konzernleitung nicht als Vorstand, sondern nur als Generalbevollmächtigter fungiert. Dieter Ullsper-

5 Zu DB-Services gehören 20.000 Mitarbeiter der einstigen Bereiche DB-Imm, DB-Anlagen, Haus-Service, die dvm-Gruppe mit Bahn-Reinigungs- und Bahnschutzgesellschaften sowie des DB-Fuhrpark-Services.

ger, ehemals von Heinz Dürr als Vorstandsvorsitzender zur Station & Service AG geholt, blieb die am 1. Januar 2002 aus dieser Aktiengesellschaft herausgelöste Gesellschaft DB-Imm, die der Bahntochter DB-Service unterstellt wurde. Dieser wurde Ullsperger als Geschäftsführer empfohlen. Seit 1. Juli 2002 leitet er die aurelis Management GmbH und aurelis Real Estate GmbH Co KG.

Bei der DB-Services Immobilien GmbH, die aus dem Bereich DB-Imm hervorgegangen war, wurde Jürgen Heyder am 1. Oktober 2002 Leiter des neuen Bereichs Fremdvertrieb. Er kam von der Vivico Real Estate, die im Auftrag der Deutschen Bahn Immobilien verkauft. Um den augenscheinlich gesundheitlich angeschlagenen und als Mann mit schwacher Außenwirkung geltenden Vorstand für Marketing, Klaus Daubertshäuser, zu entlasten, wurde am 1. Januar 2003 das Ressort Verkehrspolitik und Beziehungen zu Bund und Ländern geschaffen und mit Dr. Hans Eberhard Birke besetzt. Der war zuvor im Bundeswirtschaftsministerium und als Geschäftsführer der Deutschen Luft- und Raumfahrtindustrie tätig.

Zum 1. Mai 2003 wechselte Hermann Graf von der Schulenburg, Konzernbevollmächtigter für den Freistaat Bayern, nach Berlin, um Bevollmächtigter für nicht nähere bezeichnete Aufgaben beim Vorstandsvorsitzenden zu werden.

Versorgung oder Berater

Mehdorn hat nicht nur ständig die Beraterfirmen Mc Kinsey und Roland Berger im Haus, die unter anderem dafür vergütet werden, dass sie Stellwerke unter die Lupe nehmen, die ohnehin zur Stilllegung vorgesehen sind. Der Vorstand umgibt sich außerdem mit einer Schar von Beratern aus der Politik, um insbesondere den Forderungen dieser Kreise ein Schwergewicht entgegenzusetzen und Stimmung für seine Ziele zu machen. Dabei erweist sich die Deutsche Bahn – wie früher die Deutsche Bundesbahn – als Versorgungsstation für abgetretene Minister. In der Ära Dürr sorgte die Anstellung des ehemaligen Ministerpräsidenten von Sachsen-Anhalt, Prof. Dr. Werner Münch, als Beauftragter der Konzernleitung bei der Europäischen Union für Erstaunen. Viel half er nicht, das mussten die Fachleute insbesondere von DB-Cargo besorgen. Am 25. September 2000 gab er seinen Posten auf, um »künftig beruflich kürzer zu treten und mehr Zeit für die Familie zu haben.« Abermals Erstaunen, als im Sommer 2002 der ehemalige Bundesverkehrsminister Reinhard Klimmt Beauftragter des Vorstandes der Deutschen Bahn wurde, um die Interessen des Unternehmens bei der französischen Regierung, bei der Europäischen Union in Brüssel und bei den Landesregierungen von Rheinland-Pfalz und des Saarlandes zu vertreten.

Klaus Wedemeier, früher Bürgermeister von Bremen, erhielt zur selben Zeit eine solche Aufgabe für die Länder Bremen, Hamburg, Mecklenburg-Vorpommern, Schleswig-Holstein und Niedersachsen. Unabhängig davon agieren in jedem Land außerdem Konzernbeauftragte, die 2003 mit zusätzlichen Aufgaben in Konzernbevollmächtigte umbenannt wurden. In Mecklenburg-Vorpommern ist es zum Beispiel seit 1. November 1997 der frühere DDR-Verkehrsminister Horst Gibtner.

Auch Jürgen Heyer, der in Sachsen-Anhalt bis 2003 Verkehrsminister war und sich dort durch einen langfristigen Verkehrsvertrag mit der Deutschen Bahn verdient gemacht hatte, brauchte sich nach dem Ende der SPD-Regierung nicht auf dem Arbeitsamt zu melden. Er erhielt vom Bahnvorstand Sonderaufgaben und wurde Aufsichtsratsvorsitzender der Reederei Scandlines (50 Prozent Deutsche Bahn; siehe Kapitel 3).

Für den Einfluss auf die Landes- und Bundespolitiker sollten weitere angeheuerte Berater beitragen, wie in Nordrhein-Westfalen Helmut Wieczorek, der bis 2002 im Bundestag saß, oder der FDP-Verkehrsexperte Roland Kohn. In Bayern wurde Georg Freiherr von Waldenfels geworben, der 1995 als Finanzminister zurückgetreten und in den Vorstand der Viag gewechselt war. In Baden-Württemberg besorgt Ulrich Wendt die Lobby-Arbeit der Bahn.

Johannes Ludewig war nach seinem Weggang als Vorstandsvorsitzender der Deutschen Bahn Ende 1999 »Unternehmensberater«. Er stand Anfang 2000 der IVG Holding zur Seite, als es um den Bau des neuen Großflughafens in Berlin ging. Dann wurden Ludewig Ambitionen als Wirtschaftsminister der künftigen CDU-Regierung in Sachsen-Anhalt nachgesagt. *»Das macht der nie, das ist dem zu viel«,* sagte jemand, der in dessen Nähe zu Bahnzeiten gearbeitet hatte. Für den »Aktenhengst«, der fließend englisch und französisch spricht, fand sich im März 2003 eine Stelle als Generalsekretär der Gemeinschaft der Europäischen Bahnen bzw. als Exekutivdirektor, der gleichzeitig den Internationalen Eisenbahnverband UIC bei der Europäischen Union vertritt.

Der in den Medien verdächtige Umstand, den Bau- und Verkehrsminister Brandenburgs, Hartmut Meyer, als Berater angeheuert zu haben, führte sogar zu Ermittlungen der Staatsanwaltschaft. Hatte sich Meyer dafür beliebt gemacht, weil er ohne Ausschreibung für drei Viertel der Nahverkehrsleistungen mit der Deutschen Bahn einen Zehnjahresvertrag schloss? Zu teuer, 60 Millionen Euro zuviel, wie die PDS-Landtagsfraktion wiederholt kritisierte. Man wunderte sich dann über seinen unerwarteten »Rücktritt« aus persönlichen Gründen«, den er am 18. September 2003 zum 60. Geburtstag bekanntgab. Wie konnte Meyer die Deutsche Bahn beraten, der während seiner Amtszeit sicherlich nie einen Zug bestiegen hatte? Der Straßenbau war sein Metier. Damit in seinem Wahlkreis Wriezen eine Umgehungsstraße gebaut werden konnte, musste die Strecke Berlin–Wriezen unterbrochen und der Zugverkehr Tiefensee–Wriezen stillgelegt werden.

Wer wird es je erfahren, ob sich am Ende die teuren Berater auszahlen?

7. Schnellfahrt an die Börse

Wer sich bei der Deutschen Bahn zu den Alt-Eisenbahnern rechnen darf, hat außer einem permanenten Personalabbau zumindest seit 1993 einiges an Strukturveränderungen und Umzügen erlebt. Die so genannte Harmonisierung von Bundes- und Reichsbahn, die mit der neuen Fahrdienstvorschrift (Richtlinie 408) 2003 ihre Krönung fand, war noch eine harmlose Angelegenheit, die vor allem den Kopf beanspruchte.

Dann erlebten die Eisenbahner mehr oder weniger bewusst am 31. Dezember 1993 die juristische Fusion der beiden Bahnen und am nächsten Tag die Geburt der Deutschen Bahn Aktiengesellschaft. Neu war nicht so sehr die marktwirtschaftliche Ausrichtung, sondern das ganz neuartige Organisationsgefüge mit Veränderungen, die auch nach zehn Jahren noch nicht zum Abschluss gekommen waren. Der Eisenbahner hatte sich nicht nur an neue Einsatzorte und neue Vorgesetzte zu gewöhnen, die jetzt Führungskräfte genannt wurden, sondern auch an einen veränderten Umgangsstil, neue Zuggattungen, neue Fahrzeugfarben, neue Begriffe. Solides der früheren Behördenbahn wurde von manch Fragwürdigem abgelöst, einiges von früher tauchte wieder auf und wurde nun als Neuheit gerühmt, darunter der Bremsklotz aus Kunststoff, der Dienstplangemeinschaftsleiter, der Dienstortälteste, das Fahrplanfenster für Bauarbeiten und die Aufsicht.

Ansonsten ist die Deutsche Bahn in ihrem Wesen nicht mehr die Deutsche Bundesbahn und schon gar nicht die Deutsche Reichsbahn. Heinz Dürr wollte das Unternehmen am Kundenwunsch ausrichten und zerstörte nach den Vorstellungen der berufsfremden Berater das Gefüge. Johannes Ludewig vollzog die Trennung der Geschäftsbereiche, ließ sie »umklappen« zu eigenständigen Aktiengesellschaften, die sich, wie es das Gesetz vorsah, eines Tages ohne Holding verselbständigen sollten. Die Unternehmensbereiche als Kapitalgesellschaften, dieses Ziel schien in weite Ferne gerückt zu sein.

Ganz anders wurde die Welt der Eisenbahner unter Hartmut Mehdorn, der sie nun nur noch als »Bahner« titulierte. Mehdorn wollte die Deutsche Bahn rasch an die Börse bringen. Das Jahr 2004 war sein Zielpunkt. Auf Einwände, dann müsse die Geschäftsbilanz besser aussehen, reagierte er mit der Kapitalmarktfähigkeit. Wenigstens die sollte bestehen.

Warum möchte Mehdorn das Staatsunternehmen, das es ungeachtet des Attributs Aktiengesellschaft noch ist, an die

Die Belegschaft des DB-Konzerns 2003

Frauenanteil	22,53 Prozent
Teilzeitquote	4,60 Prozent
Altersdurchschnitt	42,7 Jahre
Betriebszugehörigkeit	20,8 Jahre

Leitsätze der Deutschen Bahn AG

1. Die Deutsche Bahn AG
ist ein Verkehrs- und Dienstleistungsunternehmen. Wir befördern Personen und Güter und bieten damit zusammenhängende Dienstleistungen an.
Unser Schienennetz steht auch Dritten zur Verfügung.

Die Eisenbahn dient der Gesellschaft seit mehr als 150 Jahren: Das ist Auftrag und Verpflichtung auch für die Deutsche Bahn AG.

2. Unseren Kunden
bieten wir marktgerechte Lösungen für ihre Reise- und Transportbedürfnisse – pünktlich, sicher, schnell und zuverlässig.
Wir gewinnen ihr Vertrauen mit Qualität, Leistung und Service.

Wir sind erst zufrieden, wenn unsere Kunden zufrieden sind.

3. Im fairen Wettbewerb
werden wir die DB AG zu einem leistungsstarken, gewinnorientierten Unternehmen machen. Wir entwickeln unseren ökologischen Systemvorteil weiter. Unsere Stärke im Bewältigen großer Verkehrsströme bauen wir aus. Unsere Angebote ergänzen wir um neuartige Leistungen – auch über die Schiene hinaus.

Wir wollen mehr Verkehr auf die Schiene bringen und mehr Dienstleistung in den Verkehr.

4. Unsere Mitarbeiterinnen und Mitarbeiter
leisten mit Können, Einsatz und Verantwortungsbereitschaft den entscheidenden Beitrag zum Erfolg unseres Unternehmens. Kompetent, selbstbewußt und in gegenseitigem Verständnis arbeiten sie gemeinsam für die Unternehmensziele. Unsere Mitarbeiterinnen und Mitarbeiter werden gefördert, ihre Leistungen anerkannt.

Wir erreichen unsere anspruchsvollen Ziele nur gemeinsam.

5. Unsere Aufgeschlossenheit
führt zu Kooperationen und Partnerschaften – national und international.
Wir sind offen für Erfahrungsaustausch mit anderen Unternehmen, mit Forschung und Wissenschaft sowie mit anderen Gruppen unserer Gesellschaft.

Wir sind bereit, unser Wissen weiterzugeben und von anderen zu lernen.

6. Unsere Verpflichtung:
die Mobilität der Menschen und den Transport von Gütern auch in Zukunft zu sichern.
Damit leisten wir einen entscheidenden Beitrag zur volkswirtschaftlichen Entwicklung.

Wir meistern die Herausforderungen der Zukunft, indem wir uns den Fragen der Gegenwart stellen.

■ Leitsätze der Deutschen Bahn von 1994. Von Börse oder Kapitalmarktfähigkeit ist darin keine Rede.

Börse bringen? Das wurde durch einen während der Bilanzpressekonferenz am 14. Mai 2004 geäußerten Nebensatz deutlich. *»Ich brauche Verlässlichkeit, möchte nicht von irgendwelchen Reformen abhängig sein, die gerade im Gange sind.«* Der Ärger über das Bundesverkehrs- und das Bundesfinanzministerium sitzt tief.

Sieht man von den Regionalisierungsmitteln ab, die in den Personennahverkehr gesteckt werden, erhält die Deutsche Bahn ebenso Geld für ihren Fahrweg, wie die Bundesregierung für den Erhalt und Ausbau der Straßen und Autobahnen sorgt. Mit finanziellen Zusagen, dann aber, wie 2004 durch den Wegfall der Lkw-Maut (monatlich 156 Millionen Euro 2003, 180 Millionen 2004) und die schlechte wirtschaftliche Lage des Landes bedingt, mit Kürzungen oder sich widersprechenden Mitteilungen aus den Ministerien kann das Unternehmen nicht solide planen. Die Investitionen des Bundesverkehrswegeplans werden ständig gekürzt, das Bestandsnetz kann nur noch mit eigenen Mittel erhalten und erneuert werden, verschiedene Projekte müssen gestreckt und aufgeschoben werden. Außerdem wird dem Vorstand in die Geschäfte hineingeredet; der Einfluss der Politiker und der Verbände ist lästig. Mehdorn glaubt, privates Kapital helfe ihm, diesen Einfluss zu überwinden.

Er allein bestimmt jedoch nicht, wann für die Deutsche Bahn Aktien ausgegeben werden. Das ist Sache des Eigentümers, der den Bundesverkehrsminister sprechen lässt. Der erweckte den Anschein, es weniger eilig als Mehdorn zu haben. Voraussetzung für den Börsengang, so hieß es, sei ein ausgeglichenes Ergebnis über mehrere Jahre. Das ist, wenn kein Wunder geschieht, nicht in Sicht. 172 Millionen Euro Betriebsverlust 2003, eine Eigenkapitalquote von nur 10,7 Prozent, 12,7 Milliarden Euro Schulden, Kreditaufnahme 2004, obwohl durch den Verkauf von Brenntag und Interfer (gehörten zur Stinnes AG) Milliardenerlöse erzielt worden waren – all das spricht nicht für einen Börsengang. Vier Milliarden Euro braucht die Deutsche Bahn zur Finanzierung ihrer Investitionen. Frei verfügbar sind lediglich 2,6 Milliarden Euro.

Für das gute Ergebnis muss gespart werden, auch mit Toilettenpapier. In der Einsatzstelle Friedrichshafen. Foto: Emersleben

Widerstand regt sich

Erst wenn die Verschuldung zurückgeführt ist – das soll 2006 sein – über den Börsengang nachzudenken, dauert dem Bahnchef zu lange. Er will das Unternehmen bereits 2005 börsenreif präsentieren und im Frühjahr 2006 an die Börse und versprach dafür, 2004 werde es eine schwarze Null geben.

So sehr Mehdorn und der Vorstand der Deutschen Bahn drängen, desto mehr regt sich der Widerstand. Die Gewerkschaften der Eisenbahner sind dagegen, die Gewerkschaft der Lokomotivführer sowieso, die Verkehrsgewerkschaft GDBA auch und die größte der drei, die Gewerkschaft Transnet. Sie misstrauen sowohl den Finanzierungszusagen der Bundesregierung als auch dem Zahlenwerk des Vorstands und befürchten weiteren Personalabbau.

Im Oktober 2003 schienen sie mit ihrem Widerstand Erfolg zu haben. Vorausgegangen waren insbesondere in den Medien geäußerte Vorwürfe, der Vorstand habe für die mittelfristige Finanzplanung falsche Zahlen vorgelegt. Dazu kam es am 23. Oktober 2003 zu einer außerordentlichen Aufsichtsratssitzung, in der das Präsidium feststellte, dass die

Vorhaltungen unberechtigt seien. In dieser Sitzung wurde auch das Verfahren für die Privatisierung der Deutschen Bahn bestimmt. Bis Ende 2003 sollten vier Arbeitsgruppen untersuchen, ob die Voraussetzungen für den Börsengang gegeben sind. Wird die Frage bejaht, entscheidet die Bundesregierung, ob und wie Aktien ausgegeben werden. Notwendig ist dafür eine ausreichende Ausstattung mit Kapital und Gewinn über Jahre hinweg. Norbert Hansen, Vorsitzender der Gewerkschaft Transnet, war nach der Aufsichtsratssitzung (er ist dort Stellvertreter des Vorsitzenden) der Meinung, erst 2007 oder 2008 stehe fest, ob die Privatisierung des Konzerns möglich ist. Die Gewerkschaften waren über diesen Aufschub erleichtert.

Sie hatten sich zu früh gefreut. 2007, 2008 ist Hartmut Mehdorn viel zu spät. 2006 sind Wahlen für den Bundestag. Dann kann es zu einer anderen Regierung kommen, die ihn und seine Pläne nicht mehr will. Er hätte dann umsonst gekämpft und sein selbst aufgestelltes Ziel nicht erreicht. Deshalb wird insbesondere seit 2004 Stimmung für den Börsengang gemacht und auf jeden Widerstand nervös reagiert.

Der Vorstand sieht sich »hervorragend unter den europäischen Bahnen aufgestellt«, legt rosige Zahlen vor, nach denen es gegenüber Vorjahreszeiträumen nur noch Zuwächse gibt, von Ausnahmen, wie dem Personenfernverkehr, abgesehen.

Am 9. Dezember 2003 beschloss der Aufsichtsrat, der Fernverkehr habe bis 2008 den Umsatz um ein Drittel zu erhöhen, obwohl der Verkehrsmarkt allenfalls um ein Prozent wächst. Das ist entweder durch erhebliche Fahrpreiserhöhungen oder das Aufschieben von Lohnerhöhungen, gar Lohnkürzungen zu erreichen. Auch war eine »Billig-Zug-Linie« vorgesehen, bei der das Zugpersonal weniger Gehalt bekäme oder eine längere Arbeitszeit hätte.

Zum Börsengang äußerte sich der Aufsichtsrat in dieser Sitzung nicht. Mehdorn konnte sich nicht durchsetzen, dass das an diesem Tag noch unfertige Gutachten der amerikanischen Investmentbank Morgan Stanley behandelt wurde. Dieses, vom Bundesverkehrs- und Bundesfinanzministerium veranlasst, spricht von ambitionierten, jedoch nicht utopischen Börsenplänen. Das aus fünf gefüllten Ordnern bestehende Gutachten hält eine Finanzierungszusage – 25 Milliarden Euro allein für das Netz – des Bundes über zehn Jahre für notwendig und auch die Regionalisierungsmittel für den Nahverkehr. Diese Mittel fließen ohnehin, im Nahverkehr an die Deutsche Bahn aber nur in der Höhe, wie sie die Ausschreibungen gewinnt. Für das Netz ist die Bundesregierung durch die Verfassung verpflichtet, die Schienenwege zu finanzieren. Dass es 25 Milliarden Euro sein müssen, sagt das Gesetz nicht.

Es scheint, als lese jeder in dem Gutachten ausschließlich das für ihn Angenehme. Eindeutig Stellung für den Börsengang nimmt das Gutachten nicht, wenn es feststellt, die strategische Ausrichtung des Unternehmens erfülle zwar grundsätzlich die Anforderungen des Kapitalmarkts, auch die Größe, Bedeutung und Position der Deutschen Bahn als »Marktführer im deutschen und europäischen Schienenverkehr«. Das könne das Interesse der Investoren wecken, aber die wesentlichen Parameter für eine Kapitalmarktfähigkeit würden nicht erreicht.

Das Gutachten gibt vor, die Erwirtschaftung der Kapitalkosten bis 2006 glaubwürdig zu dokumentieren, die Strategie auf dem Weg an die Börse präziser zu formulieren und mit finanziellen Zielen zu verknüpfen. Mehr Profit der Unternehmen, Senkung der Kosten und Verbesserung des Bargeldumlaufs wird gefordert.

Nicht den Investoren geben

Um die Zweifel an der Solidität des Vorhabens zu zerstreuen, schart Mehdorn Verbündete um sich. Ende 2003 lud Klaus Daubertshäuser, Vorstand für Marketing der Deutschen Bahn und für die politischen Verbindungen zuständig, die Verkehrsexperten der SPD-Fraktion ein. Daubertshäuser war bis 1994 verkehrspolitischer Sprecher der SPD-Bundestagsfraktion, sodass er gelegentlich die Parlamentarier noch mit »Kollegen« anspricht. Der Anlass waren das Auftreten dieser Genossen in den Landtagen. Hatten sie sich doch dafür ausgesprochen, bei der Privatisierung der Deutschen Bahn, das Netz in öffentlichem Eigentum zu behalten und nicht in die Hände von Investoren zu geben. Daubertshäuser sollte sie zum Umschwenken bewegen.

Viel leichter hat es der Vorstand mit dem Beirat der Deutschen Bahn[1], wenn der auch von geringem Einfluss ist. Am 15. Juni 2004 empfahl er erwartungsgemäß, *»das Ziel der*

1 Diesem Bahn-Beirat gehören an: Prof. Dr. Gerd Aberle, Justus-Liebig-Universität Gießen, Prof. Dr. Horst Albach, ehemals Humboldt-Universität Berlin, Prof. Dr. Thomas Ehrmann, Universität Münster, Dr. Michael Frenzel, Aufsichtsratsvorsitzender der Deutschen Bahn, Prof. Dr. Sylvius Hartwig, Bergische Universität Wuppertal, Dr. Volker Hauff, Bundesminister a.D., Hans Jochen Henke, Staatssekretär a.D., Prof. Dr. Peter Hommelhoff, Universität Heidelberg, Prof. Dr. Dr. Christian Kirchner, Humboldt-Universität zu Berlin, Dr. Dieter Klumpp, Vizepräsident Verband der Bahnindustrie in Deutschland, Prof. Dr. Ernst Otto Krasney, ehemaliger Vizepräsident des Bundessozialgerichts, Karl-Ulrich Kuhlo, Gründer des Nachrichtensenders n-tv, Prof. Dr. Dr. mult. Heribert Meffert, Bertelsmann-Stiftung, Prof. Dr. Rüdiger Pohl, Instituts für Wirtschaftsforschung Halle, Prof. Dr. Dr. F.J. Radermacher, Universität Ulm, Prof. Dr.Joachim Schwalbach, Humboldt-Universität zu Berlin, Prof. Dr. Wulf Schwanhäußer, ehemals Universität Aachen, Prof. Jürgen Siegmann, Technische Universität Berlin, Horst Stuchly, ehemaliger Präsident des Eisenbahnbundesamtes, Dr. Jürgen Warnke, ehemaliger Bundesverkehrsminister, Dr. Jürgen Weber, Aufsichtsratsvorsitzender der Deutschen Lufthansa, Ulrich Weiß, Bundesvereinigung Mittelständischer Bauunternehmen, Dr. Wendelin Wiedeking, Vorstandsvorsitzender der Porsche AG.

Zur Bilanzpressekonferenz am 14. Mai 2004 mussten Mehdorn und Sack (rechts) vom Geschäftsjahr 2003 noch rote Zahlen verkünden. 2004 soll es besser werden.

materiellen Privatisierung der Deutschen Bahn im Jahre 2006 zu verwirklichen und umgehend den Prozess der Vorbereitung des Börsengangs fortzusetzen und die Deutsche Bahn AG als integrierten Konzern an die Börse zu bringen.« Ganz im Sinne des Bahnchefs. Auch der Beirat meinte: *»Zuverlässige Vereinbarungen zwischen dem Bund und dem DB-Konzern über die Infrastrukturfinanzierung sind Voraussetzung für einen erfolgreichen Börsengang. Sie müssen gewährleisten, dass die Bahn nach kaufmännischem Urteil nur rentable Infrastrukturinvestitionen durchführt.«*

Allerdings musste der Bahnvorstand auch mit anderen Auffassungen rechnen. Die lassen sich in zwei Punkten zusammenfassen:

1. Der Fahrweg soll nicht Bestandteil des Konzerns bleiben.
2. Ein Börsengang mit Zuschuss durch die Bundesregierung ist fragwürdig.

Einer der Wortführer solcher Ansichten ist Wilhelm Pällmann. *»Das Netz bleibt dauerhaft zuschussbedürftig, selbst wenn es auf die Hauptstrecken reduziert würde. Daraus folgt: Ein integrierter DB-Konzern mit Netz kann nicht privatisiert werden, er kann also auch nicht an die Börse. Die Annahme, der Bund werde sich auf lange Sicht rechtsverbindlich gegenüber Privaten verpflichten, Zuschüsse von jährlich drei bis vier Milliarden Euro für das Netz zahlen, halte ich für illusorisch.«* [22] Zuschüsse erhält auch der Steinkohlenbergbau, aber fraglich ist, wielange? Pällmann meint noch: *»Wenn Investment-Banker zu dem Ergebnis kommen sollten, dass die DB AG mit einer Art Vollkasko-Versicherung für den Investor als integriertes Unternehmen privatisierungsfähig sei, dann ist das eine durchaus verständliche, aber allein auf die Kriterien des Kapitalmarktes bezogene Betrachtungsweise. Selbstverständlich ist jeder Investor über eine Kapitalanlage erfreut, bei der der Staat alle Risiken absichert und – durch Integration des Netzes – der Wettbewerb auf Dauer kontrolliert werden kann. Die Wünsche des Kapitalmarkts sind aber allein nicht maßgebend. Entscheidend ist ein gesamthafter Blick unter Einbeziehung verkehrs- und ordnungspolitischer Aspekte. Die Investmentbanker sollten deshalb auch untersuchen dürfen, welche Ergebnisse von einer Börseneinführung der Transportbereiche der DB AG ohne Netz zu erwarten sind.«* [22]

Die Meinung eines Unternehmenberaters wie Pällmann mag als unwichtig eingestuft werden, wenn sie auch nicht allein steht. Verschnupft reagierte man bei der Deutschen Bahn auf die Hinweise Pällmanns, es gäbe zwischen Lkw und Eisenbahn keine Ungleichbehandlung. Im Gegenteil, die Deutsche Bahn erhalte, auf die Leistungen bezogen, eine Förderung durch die Bundesregierung, die ihr gar nicht zustehe. Gleichzeitig fordert er von den Regierenden eine Erklärung, wieviel Eisenbahn sie wünschen, um danach die Verteilung der Mittel zu bemessen. Das ist nichts Neues. So wie bei der Regierung Schröder keine Verkehrspolitik zu erkennen ist, hat sie in der Bundesrepublik Deutschland schon immer gefehlt, zumindest die Hinwendung zur Eisenbahn. Franz Josef Strauß, Bayerns Ministerpräsident, schrieb am 19. Juni 1984 Bundeskanzler Hellmuth Kohl einen Brief, in dem er eine *»Wende der Bahnpolitik«* verlangte. Sie, die Deutsche Bundesbahn, sollte die erforderlichen Zuwendungen erhalten. Es sollte Klarheit über das Grundleistungsangebot geben, mit dem die Bevölkerung und die Wirtschaft rechnen könne. Und er verlangte ein verkehrspolitisches Konzept, auf dessen Beständigkeit vertraut werden könne. In einem weiteren Brief vom 23. November 1984 an den Bundesfinanz- und den Bundesverkehrsminister wies Strauß auf die Fehler in der Bahnpolitik hin.

Und 20 Jahre später? Was Bundeskanzler Schröder zum zehnjährigen Jubiläum der Bahnreform zu sagen hatte, war substanzlos, wenn es auch beklatscht wurde. Grundsätze zur Verkehrs- bzw. Bahnpolitik werden ersetzt durch einen Streit über die Hingehörigkeit des Fahrwegs, den Börsengang und dessen Zeitpunkt. Dementsprechend harsch, wenn auch unangemessen, legte sich die Deutsche Bahn mit den Wirtschaftsverbänden (Bundesverband der Deutschen Industrie, Bundesvereinigung der Deutschen Arbeitgeberverbände, Deutscher Industrie- und Handelstag) an. Deren Präsidenten hatten in einem für Dirk Fischer, verkehrspolitischer Sprecher der CDU-Bundestagsfraktion, bestimmten Brief vor übereilten Entscheidungen für einen Börsengang gewarnt und sich dafür ausgesprochen, die Privatisierung ohne Netz noch einmal zu prüfen, weil dies die bessere Lösung sei.

Eigentlich rannten diese Präsidenten beim Abgeordneten Fischer offene Türen ein. Denn er vertritt schon lange diese Auffassung und steht auch der von Mehdorn sehr kritisch gegenüber. Für den Bereich Kommunikation war der Brief eine Gelegenheit, am 29. Juni 2004 alle Register der Rabulistik zu bedienen, um scharf auf die Verbände zu reagieren und Mehdorns Argumente zu wiederholen. Auf eine Auseinandersetzung kam es womöglich nicht an, da die Verbände nicht entscheiden, lediglich beeinflussen.

Bedrohlicher für die Ambitionen des Bahnvorstands war die öffentliche Anhörung des Ausschusses für Verkehr, Bau- und Wohnungswesen des Deutschen Bundestages am 29. März 2004. Sie stand unter dem harmlos klingenden Thema »Zwischenbilanz und Fortführung der Bahnreform«, als ginge es um eine nachzuholende Festveranstaltung zum zehnjährigen Jubiläum der Bahnreform. Tatsächlich hörten die Abgeordneten, wie zwölf Fachleute die Eisenbahnszene beurteilen. Sieht man von den schwachen Wortbeiträgen Klaus Daubertshäusers (Vorstand Marketing der Deutschen Bahn und mit Verspätung erschienen,

■ Eine Werbekampagne soll den »einfachen Eisenbahner« vorstellen und dadurch die Deutsche Bahn sympathisch machen.

weil er in Frankfurt am Main das »falsche Verkehrsmittel«, das Flugzeug, bestiegen hatte) und Norbert Hansen (Vorsitzender der Gewerkschaft Transnet, der über seine Träume palaverte) ab, so überwog die Meinung, die Bahnreform sei auf halbem Wege stehen geblieben und das Netz müsse ein Unternehmen des Staates bleiben. Anders sei der Wettbewerb der Eisenbahnunternehmen schwer zu kalkulieren.

Fahrplan für die Börsenfahrt

Über einen Monat geschah nichts. Dann stellte Manfred Stolpe in der SPD-Arbeitsgruppe Verkehr den Fahrplan für die Fahrt an die Börse vor. Für September 2004 kündigte er einen Gesetzentwurf an. Die nicht von Stolpe informierten Abgeordneten waren so verärgert, dass sie im Verkehrsausschuss Einspruch einlegten. Der beschloss dementsprechend am 5. Mai 2004 einstimmig, erst nach einer mehrjährigen positiven Gewinnentwicklung über eine Teilprivatisierung zu beschließen. Nun ist ungewiss, ob der Bundestag dem Verkauf der Deutschen Bahn zustimmen werde. Selbst wenn es dazu käme, müsste das entsprechende Gesetz im Bundesrat eine Mehrheit finden. Eine Ohrfeige für Mehdorn, der doch auf die Entscheidung im Jahr 2005 drängte? Nein, sie focht ihn nicht an. Er kennt das Konzept der Regierung, wie man einen Börsengang nach dem Muster der Telekom und der Post vorbereitet. Er holte sich Bernd Fahrholz, den ehemaligen Vorstandsvorsitzenden der Dresdner Bank, als Berater und orientiert sich an der ihm freundlich gesonnenen Regierung.

Bundeskanzler Schröder wartet nicht das ausgeglichene Ergebnis über mehrere Jahre ab, ihn interessiert lediglich das von 2004. Bundesverkehrsminister Manfred Stolpe machte ebenfalls Hoffnung, dass bereits 2005 über den Börsengang entschieden werde. Er lässt neue Gutachten fertigen von denen, die sich schon früher für den Börsengang ausgesprochen hatten.

Dass die Bilanz für das Jahr 2004 ohne rote Zahlen ist, dafür wird Mehdorn schon sorgen. Eilig wurde mit der Begründung, sich auf das Kerngeschäft zu konzentrieren, der Verkauf der Mitropa, der Busunternehmen Bayern-Express & P. Kühn Berlin und Deutsche Touring, des Reiseveranstalters Ameropa und der 0,4 Prozent Anteile an der Deutschen Lufthansa beschlossen. Ameropa soll dann doch noch Bahntochter bleiben.

Inzwischen hat sich eine Front gegen den Börsengang mit der Netz-AG formiert. Dazu hätte es nicht kommen müssen, wäre zu Beginn der Bahnreform das Netz ausgesondert worden. Dann wäre der Weg für eine wirtschaftliche Deutsche Bahn mit Personen- und Güterverkehr frei gewesen, während der Staat strukturpolitische Aufgaben erfüllt.

Diesen gesellschaftlichen Auftrag hatte Bundeskanzler Schröder anlässlich der Einweihung des Porsche-Verladebahnhofs in Kornwestheim am 23. Februar 2001 formuliert: *»Die Bahn hat als private Unternehmung auch einen Infrastrukturauftrag, der für Wirtschaft und Bevölkerung und für die Erhaltung der Mobilität wichtig ist. Beides muss zusammengebracht werden: die gesellschaftliche Aufgabe der Bahn und die betriebswirtschaftliche Notwendigkeit.«* Für jede Anlage, die Politikern notwendig erscheint, hätte dann die Bundesregierung – sprich der Steuerzahler – einzustehen, nicht aber die Deutsche Bahn, die sich für solche Prestigeobjekte gar nicht interessiert. Das ist eigentlich das, was sich Hartmut Mehdorn immer wünschte: die Entpolitisierung der Deutschen Bahn.

Dass Mehdorn um das Netz kämpft, hat mit der Sicherheit des Bahnbetriebes nichts zu tun. Die Wettbewerber fahren nicht weniger sicher als die Deutsche Bahn. Mit dem Netz ist die Deutsche Bahn für Börsenanleger attraktiver. Wer investiert schon in DB-Regio, eine von den Bestellungen und der Vergabe der Länder abhängige Aktiengesellschaft? Wer investiert in den Fernverkehr und in den Güterverkehr? Ohnehin kann man prophezeien, dass der Börsengang der Deutschen Bahn nicht das hält, was versprochen wird. Sicher ist, wohin eine echte Aktiengesellschaft Deutsche Bahn getrieben wird: Sie baut ihr Personal ab und nennt das Produktivitätszuwachs. Was die Eisenbahner nicht mehr können, sollen automatisierte Betriebszentralen, Fahrkartenautomaten, Großrechner über das Internet und vertöchterte oder ausgegründete Gesellschaften für weniger Kosten bieten. Wie seit der Regionalisierung von 1996 gibt es den Personennahverkehr nur dort, wo er bestellt und bezahlt wird. Der Personenfernverkehr findet nur auf den rentablen Strecken statt, vielleicht auf einer Gesamtlänge von etwa 20.000 km. Bleibt der Gewinn aus, steht der Staat dafür ein. Geschichte wiederholt sich nicht. Oder doch eines Tages? Auch im 19. Jahrhundert hat es eine Verstaatlichungswelle gegeben, nachdem die Privateisenbahnen am Ende waren. Viel ist dann nicht von der Bahnreform geblieben, von dem Versprechen, den Schienenverkehr zu verdoppeln, schon gar nicht.

Anhang

Tabelle 1

Auswahl von Fahrzeugen der Deutschen Bahn 2004 [16]

Typ und Baureihe	Hersteller	Höchstgeschwindigkeit [km/h]	Indienststellung	Anzahl[1]	Bemerkungen
a) Personenfernverkehr					
ICE 1 401	ABB, AEG, Siemens, Krauss-Maffei, Krupp, Henschel	280	1991–1993	59 Züge	
ICE 2 402	Siemens, Adtranz	280	1996–1998	44 Züge	automatische Kupplung mit Bugklappen
ICE 3 403.0/406.0	Siemens, Bombardier	330	2000–2001	50 Züge	406 = Mehrsystemfahrzeuge für vier Stromsysteme
Thalys	GEC/Alstom	300	1996–1999	2 Züge	
ICE-T 411/415	DWA, Siemens, DUEWAG, Alstom	230	1999–2000	32/11 Züge	Neigezug, 411 = siebenteilig, 415 = fünfteilig
101	Adtranz	220	1997–1999	145 Lokomotiven	
120	AEG, BBC, Siemens, Krupp, Henschel, Krauss-Maffei	200	1987–1989	60 Lokomotiven	
181	Krupp, AEG	160	1974–1975	25 Lokomotiven	Mehrsystemlokomotive-, zwei Stromsysteme
IC		200	von 1972 an	123 Züge	Musterzug: 1 Steuer-, 3 1.-Klasse-, 7 2.-Klasse- und 1 Restaurantwagen
IC-Steuerwagen Bpmbdzf 297	PFA Weiden	200	1996–1999	75	

1 Stand Dezember 2003

Typ und Baureihe	Hersteller	Höchst-geschwin-digkeit [km/h]	Indienststellung	Anzahl[1]	Bemerkungen
DB-Autozug				9 Sitz-, 65 Liege-, 42 Schlaf-, 7 Restaurant-, 8 Service-, 164 Fahrzeug-Transportwagen	
DB-Nachtzug				91 Sitz-, 81 Liege-, 31 Schlaf-, 2 Service-, 111 Wagen der Bauart TALGO	
Metropolitan	Fahrzeug-technik Dessau	220	1999	2 Züge	
City-Night-Line				37 Schlaf-, 16 Liege-, 15 Halbgepäck-, 27 Ruhesessel-, 10 Bar- und Lounge- sowie 4 Fahrrad- und Gepäckwagen	
b) Regional- und Stadtverkehr					
420	Maschinen-fabrik Augs-burg u. a.	120	1969–1997	292	
424	Bombardier, Siemens	140	2000–2001	40	für Großraum Hamburg
423	Bombardier, Alstom	140	1999–2006	341	
425	Bombardier, Siemens	160	2000–2005	195	
426	Bombardier, Siemens	160	2001–2002	43	
474	Alstom, Bombardier	100	von 1997 an	103	S-Bahn Hamburg
481/482	Bombardier	100	1996–2004	474	S-Bahn Berlin
611	Adtranz	160	1996–1997	50	Neigezug
612	Bombardier	160	2000–2003	173	Neigezug
628.4	ASF, DUEWAG, LHB	120	1993–1995	293	

Typ und Baureihe	Hersteller	Höchst-geschwin-digkeit [km/h]	Indienststellung	Anzahl[1]	Bemerkungen
640	Alstom	120	2000–2001	30	LINT = Leichter Innovativer Nahverkehrs-Triebwagen, einteilige Version
641	Alstom/ De Dietrich	120	2001–2002	40	
642	Siemens, DUEWAG	120	von 2000 an	230	nach DESIRO-Konzept
643	Bombardier	120	2000–2004	99	TALENT mit diesel-mechanischem Antrieb
644	Bombardier, Talbot	120	1998–2000	62	TALENT mit diesel elektrischem Antrieb
646	Bombardier/ DWA	120	2000–2003	66	GTW 2/6
648	Alstom	120	2001–2005	6	LINT für die Strecke Flensburg–Kiel, zweiteilige Version
650	Bombardier	120	1999–2005	53	für DB-Zug-Bus Regionalverkehr Alb-Bodensee
Doppelstock-Steuerwagen DBpbzfa	Bombardier/ DWA	160	von 1999 an	49	
Doppelstock-Mittelwagen DBpza 753.5	Bombardier/ DWA	160	1998–2003	145	
Doppelstock-Mittelwagen DABpbza 758.5	Bombardier/ DWA	160	von 1998 an	50	
111	Krauss-Maffei/ Siemens, Krupp/AEG, Henschel/BBC	160	1975–1984	226	
112	AEG	160	1992–1994	90	
143	LEW	120	1984–1990	625	
146	Bombardier	160	2002–2006		
218	Krupp, Krauss-Maffei, Henschel, MAK	140	1968–1979	384	

c) Güterverkehr[2]

145	Adtranz	140	1998–2000	80	Drehstromlokomotive

2 Hier sind nur die Beschaffungen bis 2003 aufgeführt

Typ und Baureihe	Hersteller	Höchstgeschwindigkeit [km/h]	Indienststellung	Anzahl[1]	Bemerkungen
182	Siemens, Krauss-Maffei	230	2001–2002	25	Zweifrequenzlokomotive für 15 kV 16,7 Hz und 25 kV 50 Hz Wechselspannung
185	Adtranz	140	2000–2008	147	Zweifrequenzlokomotive für 15 kV 16,7 Hz und 25 kV 50 Hz Wechselspannung
189	Siemens	140	2003–2005	27	Viersystemlokomotive für 15 kV 16,7 Hz, 25 kV 50 Hz Wechselspannung sowie 3 kV und 1,5 kV Gleichspannung
233	Lugansk	120	1973–1982	64	Umbau aus Baureihe 232
152	Siemens, Krauss-Maffei	140	1997–2001	170	
Schüttgutwagen Falrrs/ 152/153	Greenbrier	120		65	Falrrs 152 für Erztransport Hamburg/Rostock–Ziltendorf, mit automatischer Kupplung
Flachwagen Rbns 646	Greenbrier	120	2001	200	
Flachwagen Sns 727	Greenbrier	120	2001	209	
Flachwagen Slps-u 725				150	besonders geeignet für Großbleche
Planendachwagen Shimmns-ttu 723	Trinity Rail (Rumänien)	120	2002	860	für Stahlcoiltransport
Gedeckter Wagen Shimmns-ttu 772			2001		Umbau der Bauart Shimmns 708 z. B. mit stählernen Hauben
Schiebewandwagen Hbbins 306				1.844	
Schiebewandwagen Hbbins-tt 309	Zastal (Polen)	120	2001	248	Lademaßüberschreitung

Hirrs-tt 325				285	Wageneinheit aus zwei festgekuppelten Hbis-tt 293 für nässeempfindliche Güter
Schiebewandwagen Habbiins 344	Greenbrier	120	2004	400	vornehmlich für Papierrollentransport
Typ und Baureihe	Hersteller	Höchstgeschwindigkeit [km/h]	Indienststellung	Anzahl[1]	Bemerkungen
Schiebewandwagen Himrrs-tt 326	BTK, Kaiserslautern	120	2003		»Automotive Maxx«, zwei festgekuppelte Hbbins-tt 309
Doppelstock-Autotransportwagen Laes 559	Tatravagonka (Slowakei)	120	2000		
Autotransportwagen Hcceerrs 330	Alsthom LHB	120	2003	68	vierteilig, für Transporte DaimlerChrysler Sindelfingen–Bremerhaven
Planendachwagen Shimmns-ttu 722	Deutsche Bahn, Werk Paderborn	120			Umbau
Containertragwagen Sgkkms 698	Graaff, Elze	120			Umbau von Sdgkms 707
Flachwagen Roos-t 645	Deutsche Bahn	120	2000	530	für Holztransport
Schüttgutwagen Tagnoos 898	Graaff, Elze	120		400[3]	vorwiegend für Getreidetransport
Schüttgutwagen Tanoos 896	Graaff, Elze	120	1998	600	vorwiegend für Kali transport
Schüttgutwagen Talns 969	Greenbrier	120	2004	23	Nachbeschaffung, für Gipstransport
Schüttgutwagen Talns 970	Greenbrier	120	2004	66	Nachbeschaffung, für Gipstransport, Funk-Nau-Steuerung für Klappenbetätigung

3 von Juni 2004 an 200 Stück und zweimal 100 Stück geliefert

Tabelle 2

Eisenbahnverkehrsunternehmen in Deutschland

Stand März 2004 [8]

Internationale Verkehrskonzerne:	
Connex Verkehr GmbH	
Bayerische Oberlandbahn GmbH	R[1]
LausitzBahn GmbH	F, R
Nord-Ostsee-Bahn GmbH	R
NEG Niebüll mbH	R, G, I
Nord Westbahn GmbH	R
Ostmecklenburgische Eisenbahngesellschaft mbH	F, R, G
Rheinisch-Bergische Eisenbahn GmbH	R
Württembergische Eisenbahngesellschaft mbH	R, G, I
Connex Cargo Logistics GmbH	
Bayerische CargoBahn GmbH	G, M
Farge-Vegesacker Eisenbahngesellschaft mbH	I
Hörseltalbahn GmbH	G, I
Industriebahn-Gesellschaft Berlin mbH	G, I
Niederbarnimer Eisenbahn AG	I
Osthavelländische Eisenbahn AG	G, B, I
NordWestCargo GmbH	G
RailCargo Berlin GmbH	G
Regiobahn Bitterfeld GmbH	G, I
Teutoburger-Wald-Eisenbahn AG	I
TWE Bahnbetriebs GmbH	G
EuRailCo	
trans regio Deutsche Regionalbahn GmbH	R
EuroLuxCargo S. A.	
Norddeutsche Eisenbahngesellschaft mbH	G
NEG Niebüll mbH	R, G, I
Hupac S.A.	
Dillen en le Jeune Cargo NV	G
Hupac GmbH	G
Keolis S. A.	
Rhenus Keolis GmbH & Co. KG (Eurobahn)	G
Freiburger Eisenbahngesellschaft mbH	G
Schweizerische Bundesbahnen AG	
SBB Cargo AG	
S-Rail Europe GmbH	G
Swiss Rail Cargo Köln GmbH	G
SBB GmbH	R
Thurbo AG	
EuroTHURBO GmbH	R, G

1 In dieser Spalte bedeuten: F = Fernverkehr, R = Regionalverkehr, G = Güterverkehr, M = Museums-, Touristik- und Charterverkehre, B = Bauzugdienste, I = Infrastruktur

Mittelständische Privatbahnen:	
Ahaus-Alstätter Eisenbahn GmbH	G
AHG Handel & Logistik GmbH & Co. KG	G
Angeln-Bahn GmbH	M, B
Anhaltische Bahn Gesellschaft mbH	G, M
AStrans Spedition GmbH	G
Bahnbetriebsgesellschaft Stauden mbH	G, M, B, I
BayernBahn Betriebsgesellschaft mbH	M, B, I
Borkumer Kleinbahn und Dampfschiffahrt GmbH	R, I
Brohltal Schmalspureisenbahn Betriebs-GmbH	G, M
Deutsche Regionaleisenbahn GmbH	G, M, I
Döllnitzbahn GmbH	R, G, M, I
D & D Eisenbahngesellschaft mbH	G, B
EBM Cargo GmbH & Co. KG	G, B
Eifelbahn Verkehrsgesellschaft mbH	G, I
Eisenbahnbau- und Betriebsgesellschaft Preßnitztalbahn mbH	G, M, B
Eisenbahn Betriebsgesesellschaft mbH	
Klützer-Ostsee Eisenbahn GmbH	M, I
Westfälische Almetalbahn GmbH	G, M, B, I
Eisenbahnbetriebe Mittlerer Neckar GmbH	G, B
Eisenbahnverkehrsunternehmen Rene Rück	G
Ernst Schauffele Schienenverkehrs GmbH & Co. KG	G
Euregio Verkehrsschienennetz GmbH	G, B, I
GET Georgsmarienhütte Eisenbahn und Transport GmbH	G, I
GVG Georg Verkehrsorganisation GmbH	F
Heavy Haut Power International GmbH	G, B
H. F. Wiebe GmbH & Co. KG	G, B
Hoyer GmbH	
Hoyer Railserv GmbH	G
Rail4chem Eisenbahnverkehrsgesellschaft mbH	G, B
IGE Bahntouristik GmbH & Co. KG	G, M
Industrietransportgesellschaft mbH Brandenburg	G, B
ITL Eisenbahngesellschaft mbH Dresden	G, B, I
Unternehmensgruppe van Engelen	
Karsdorfer Eisenbahngesellschaft mbH	R, G, M, B, I
Burgenlandbahn GmbH	R
Rügensche Kleinbahn GmbH & Co. KG	R, M, I
Kreisbahn Mansfelder Land GmbH	R, G, M
Lappwaldbahn GmbH	G, B, I
Mittelweserbahn GmbH	G, B
Neukölln-Mittenwalder Eisenbahngesellschaft AG	G, M, I
Nordbayerische Eisenbahngesellschaft mbH	G, B
PBSV-Verkehrs-GmbH	G, B
Pfalzbahn Eisenbahnbetriebsgesellschaft mbH	M
Prignitzer Eisenbahn Holding AG	
PE Cargo GmbH	G, B
Prignitzer Eisenbahn GmbH	R, M
Ostdeutsche Eisenbahn GmbH	R

RCN rail center Nürnberg GmbH & Co. KG	G
RSE Rhein-Sieg-Eisenbahn GmbH	G, M, B, I
Hoyer Railserv GmbH	G
RP Eisenbahn GmbH	I
Regio Infra Service Sachsen GmbH	I
Sächsisch-Böhmische Eisenbahngesellschaft mbH	R
Spitzke Logistik GmbH	G, B
Thüringer Eisenbahn GmbH	I
TLG Transport und Logistik GmbH	G
TX Logistik AG	G
UNISPED Spedition und Transportgesellschaft mbH	G
Uwe Adam Eisenbahnverkehrsunternehmen GmbH	G
Vulkan-Eifel-Bahn Betriebsgesellschaft mbH	G, M
Augsburger Localbahn GmbH	G, I
BASF AG	I
BASF AG, GLL/R Service Center Railway	G
BASF Schwarzheide GmbH	G
Rail4chem Eisenbahnverkehrsgesellschaft mbH	G
Bayer AG	
Chemion Logistik GmbH	G
Eisenbahn Köln - Mülheim - Leverkusen der Bayer AG	I
Cargo-Rail GmbH	G
EKO Transportgesellschaft mbH	G, I
IntraLeuna Infrastruktur und Service GmbH	G
RAG Logistik GmbH	
Eisenbahn und Häfen GmbH	I
RAG Bahn und Hafen GmbH	G, I
Rhenus AG & Co. KG	
Bahngesellschaft Waldhof AG	G, I
Rhenus Keolis GmbH & Co. KG (Eurobahn)	R
Freiberger Eisenbahngesellschaft mbH	R
Verkehrsbetriebe Peine-Salzgitter GmbH	G
Thyssen Krupp Stahl AG	
Dortmunder Eisenbahn GmbH	G, I
Eisenbahn und Häfen GmbH	I
EH Güterverkehr GmbH	G
Kommunale und Landesbahnen:	
AKN Eisenbahn AG	R, G, M, I
NBE Nordbahn Eisenbahngesellschaft mbH	R
Schleswig-Holstein-Bahn GmbH	R
Albtal-Verkehrs-Gesellschaft mbH	R, G, I
UEF Eisenbahnverkehrsgesellschaft mbH	M
Ankum-Bersenbrücker Eisenbahn GmbH	G, I
Bahnen der Stadt Monheim GmbH	G, I
Bentheimer Eisenbahn AG	G, I
Bodensee-OberschwabenBahn GmbH & Co. KG	R
Bremer Straßenbahn AG	
Metronom Eisenbahngesellschaft mbH	R

WeserBahn GmbH	G, B
Bremen-Thedinghauser Eisenbahn GmbH	I
Verkehrsbetriebe Grafschaft Hoya GmbH[2]	G, M
Bahn GmbH	R, G, M, I
Chemnitzer Verkehrs AG	
City-Bahn Chemnitz GmbH	R
Regio Infra Service Sachsen GmbH	I
Delmenhorst-Harpstedter Eisenbahn GmbH	G, M, I
Döllnitzbahn GmbH	R, G, M, I
Dortmund-Märkische Eisenbahn GmbH	R
Dürener Kreisbahn GmbH	I
Rurtalbahn GmbH	R, G, M
Duisburger Hafen AG	I
Duisport rail GmbH	G
Eisenbahnen und Verkehrsbetriebe Elbe-Weser GmbH	R, G, M, I
Niedersachsen Bahn GmbH	
Metronom Eisenbahngesellschaft mbH	R
Emsländische Eisenbahn GmbH	G, M, I
Erfurter Industrie-Bahn GmbH	R, G, M, I
Süd-Thüringen-Bahn GmbH	R
Frankenbahn GmbH	G
Hafen- und Bahnbetriebe der Stadt Krefeld	G, I
Häfen und Güterverkehr Köln AG	G, I
BGE Eisenbahn und Güterverkehr GmbH	G
Swiss Rail Cargo Köln GmbH	G
Hamburger Hochbahn AG	
Metronom Eisenbahngesellschaft mbH	R
NBE Nordbahn Eisenbahngesellschaft mbH	R
Ostdeutsche Eisenbahn GmbH	R
Harzer Schmalspurbahnen GmbH	R, G, M, I
Hessische Landesbahn GmbH	
Butzbach-Licher Eisenbahn AG	R, G, I
Frankfurt-Königssteiner Eisenbahn AG	R, I
Hellertalbahn GmbH	R
Kassel-Naumburger Eisenbahn AG	R, G, I
Regionalbahn Kassel GmbH	R, I
Süd-Thüringen-Bahn GmbH	R
Vectus Verkehrsgesellschaft mbH	R
Hohenzollerische Landesbahn AG	R, G, M, I
Ilmebahn GmbH	G, B, I
Kahlgrund-Verkehrsgesellschaft mbH	R, I
Kölner Verkehrsbetriebe AG	R
Lübecker Hafen-Gesesellschaft mbH	G, I
Märkische Verkehrsgesellschaft mbH	
Dortmund-Märkische Eisenbahn GmbH	R
Märkische Eisenbahngesellschaft mbH	G, I
MecklenburgBahn GmbH	R, G, I

2 Betriebsführung durch WeserBahn GmbH

Mecklenburgische Bäderbahn Molli GmbH & Co. KG	R, M, I
Mindener Kreisbahnen GmbH	G, I
MVV GmbH[3]	G, I
MVV OEG AG	R, M, I
Regio Rail Verkehrssysteme GmbH	
ConTrain GmbH	G
Neuss-Düsseldorfer Häfen GmbH & Co. KG (Neusser Eisenbahn)	G, I
Niederrheinische Verkehrsbetriebe AG	G, I
Osthannoversche Eisenbahnen AG	G, B, I
Niedersachsen Bahn GmbH	
Metronom Eisenbahngesellschaft mbH	R
Rinteln-Stadthagener Verkehrs GmbH	G, I
Osthavelländische Eisenbahn AG	G, B, I
Regentalbahn AG	
Regental Bahnbetriebs GmbH	R, G, I
Vogtlandbahn GmbH	R
Regionale Bahngesellschaft	
Kaarst-Neuss-Düsseldorf-Erkrath-Mettmann-Wuppertal mbH	I
Rhein-Haardtbahn GmbH	R, I
Saarbahn GmbH	R, I
Sächsisch-Oberlausitzer Elsenbahngeselischaft mbH	R, R, M, I
Seehafen Kiel GmbH & Co KG	G, I
Siegener Kreisbahn GmbH	R, G, I
Hellertalbahn GmbH	R
Stadtwerke Bonn Verkehrs-GmbH	R
Südwestdeutsche Verkehrs-AG	R, I
Breisgau-S-Bahn GmbH	R
Ortenau-S-Bahn GmbH	R
Verden-Walsroder Eisenbahn GmbH	G, M, I
Verkehrsbetriebe Extertal-Extertalbahn GmbH	G, M, I
Verkehrsbetriebe Grafschaft Hoya GmbH	G, M, I
Verkehrsbetriebe Kreis Plön GmbH	G, I
Verkehrsgesellschaft Landkreis Osnabrück GmbH	G, M, I
Vorwohle-Emmerthaler Verkehrsbetriebe GmbH	G
Wanne-Herner Eisenbahn und Hafen GmbH	G, I
Westerwaldbahn GmbH	R, G, M, I
Hellertalbahn GmbH	R
Vectus Verkehrsgesellschaft mbH	R
WestEnergie und Verkehr GmbH	M, I
Westfälische Verkehrsgesellschaft mbH	
Regionalverkehr Münsterland GmbH	G, I
Regionalverkehr Ruhr-Lippe GmbH	G, I
Westfälische Landes-Eisenbahn GmbH	G, I

3 in Mannheim

Tabelle 3

Stillgelegte Strecken [4]

Jahr	Stillgelegt	Personenverkehr eingestellt	Bemerkungen
1994	14. Januar	Neubrandenburg–Friedland	
	28. Mai	Brandenburg-Altstadt–Göttin	
		Bassum–Rahden	
		Schönberg–Hirschberg	
		Dingelstedt–Küllstedt	
		Förtha–Gerstungen	
		Perl–Apach	
		Bogen–Bogen Ost	
1995	1. Januar	Wunsiedel-Holenbrunn–Schönbrunn	
		Basel Bad Rbf–Abzweigstelle Grenzacher Horn	
		Weil–Abzweigstelle Grenzacher Horn	
		Elze (Han)–Gronau (Leine)	
		Großheirath–Rossach	
		Liebenau (Han)–Steyerberg	
		Armsheim–Wendelsheim	ohne Stillegungsverfahren
		Altey–Selzen-Hahnheim	ohne Stillegungsverfahren
		Neuss Vorbf–Düsseldorf-Oberkassel	ohne Stillegungsverfahren
		Velberth Bf–Heiligenhaus	Stillegungsverfahren zum 1. Januar 1996 genehmigt
		Forst–Guben Süd	ohne Stillegungsverfahren
	2. Januar	Wulften–Duderstadt	ohne Stillegungsverfahren
	1. Februar	Burg West–Landkirchen (Fehm)	
	12. Februar	Wallenfels–Nodalben	
	28. Februar	Luckau–Uckro	
	1. März	Neuses (b Kronach)–Weißenbrunn	
		Lahr (Schwarzw)–Lahr Stadt	
	1. April	Itzehohe–Edendorf	
		Ingolstadt Nord–Offendorf	
		Mülheim (Ruhr)–Styrum	Ersatz durch neue Strecke
		Hemhofen–Höchstadt	
	2. April	Neustift-Blindham–Ortenburg (Niederbay)	
		Eging–Kalteneck	
	28. April	Finsterwalde–Crinitz	
	30. April	Bodenwöhr Nord–Neuburg vorm Wald	
	2. Mai	Hinterweidenthal Bbf–Bundental-Rumbach	ohne Stillegungsverfahren
	4. Mai	Kirchheim (Teck)–Holzmaden	
	15. Mai	Spreewitz–Spreewitz Nord	
	17. Mai	Linz–Kalenborn	ohne Stillegungsverfahren
	23. Mai	Barntrupp–Aerzen	
	26. Mai	Erfurt Nord–Erfurt Berliner Straße	
		Bufleben–Friedrichswerth (Thür)	

27. Mai	Grevesmühlen–Klütz (Meckl)	
	Velgast–Tribsees	
	Beeskow–Lübben Hp	
	Uckro–Herzberg (Elster) Stadt	
	Strasburg (Meckl)–Prenzlau	
	Prenzlau–Gramzow (Uckerm)	
	Angermünde–Bad Freienwalde	
	Düren–Bedburg (Erft)	Stillegung zum 2. Juni 1996 genehmigt
	Altenburg–Narsdorf	
	Korbach–Bad Wildungen	
	Niederwalgern–Hartenrod	
	Ingolstadt Hbf–Zuchering	Ersatz durch neue Strecke
	Prettin–Annaburg	ohne Stillegungsverfahren
	Magdeburg-Buckau Rbf–Abzweigstelle Wolfsfelde	Stillegungsverfahren zum 1. Mai 1997
	Meckenbeuren–Tettnang	Stillegungsverfahren zum 1. Juni 1996
	Simmern–Kastellaun	ohne Stillegungsverfahren
	Iserlohn–Iserlohn Ost	ohne Stillegungsverfahren
28. Mai	Frauenaurach–Herzogenaurach	
	Badel Bad Rbf–Weil	Ersatz durch neue Strecke
	Neustadt (Waldnaab)–Vohenstrauß	
	Abzweigstelle Weiterode–Bebra	
	Wrist–Kellinghusen	ohne Stillegungsverfahren
29. Mai	Battenberg (Eder)–Hatzfeld (Eder)	ohne Stillegungsverfahren
31. Mai	Hann Münden–Oberscheden	
	Nauen–Bredow–Wustermark	Schienenersatzverkehr bis 30. Mai 1996 Stillegung zum 1. Juni 1996 genehmigt
1. Juni	Reutlingen Hbf–Reutlingen Süd	
6. Juni	Abzweigstelle Kreuzstein–Bayreuth Altstadt	
13. Juni	Bebitz–Alsleben	
27. Juni	Niederpöllnitz Materiallager–Münchenbernsdorf	
30. Juni	Dolgelin–Seelow (Mark) Stadt	
	Kellmünz–Babenhausen (Schwaben)	ohne Stillegungsverfahren
	Nördlingen–Wemding	ohne Stillegungsverfahren
1. Juli	Lauffen (Neckar)–Leonbronn	
	Süßen–Donzdorf	
	Holzdorf (Oldb)–Damme (Oldb)	ohne Stillegungsverfahren
5. Juli	Abzweigstelle Jüterbog Neues Lager–Abzweigstelle Dennewitz	
15. Juli	Stendal Vorbf–Stendal Ost	
31. Juli	Haßfurt–Hochheim	
1. August	Waldenburg (Württ)–Forchtenberg	
	Tirschenreuth–Liebenstein (Oberpf)	
	Mitterteich–Waldsaassen	

		Bad Neustadt (Saale)–Bad Königshofen	
		Herzberg (Harz)–Siebertal	
	15. August	Abzweigstelle Großrössen–Abzweigstelle Beyern	
	29. August	Rheda-Wiedenbrück Süd–Langenberg (Westf)	
	1. September	Weil der Stadt–Calw	
		Miltach–Konzell-Streifenau	
		München-Freimann–München-Schwabing	
		München-Thalkirchen–Großhesselohe	
	21. September	Naila–Schwarzenbach am Wald	
	22. September	Aue–Blauenthal	bis 30. Mai 1996 Schienenersatzverkehr ohne Stillegungsverfahren
	24. September	Treysa–Oberaula	
	25. September	Bieseförth–Malsfeld–Pfieffewiesen	
		Eschwege–Wanfried	
	1. Oktober	Waldkirchen–Jandelsbrunn	
	1. November	Neumünster–Aschberg	
	26. November	Berga-Kelbra–Stolberg	
	31. Dezember	Dernbeurg (Han)–Seesen	
1996	1. Januar	Schönhausen (Elbe)–Sandau	
		Stendal–Niedergörne	
		Salzwedel–Diesdorf	
		Kalbe–Beetzendorf	
	15. Februar	Landau (Pfalz)–Herxheim	
	29. Februar	Wulften–Duderstadt	
		Bochum Gbf–Bochum West	
		Essen-Frintrop–Essen-Dellwig	
		Duisburg-Ruhort–Alstaden	
	15. März	Solingen Hbf–Solingen Wald	
	31. März	Bad Münder–Bad Münder Stadt	
		Barntrup–Aerzen	
		Bierbach–Reinheim Grenze	
		Saarbrücken-Schleifmühle–Abzweigstelle Saardamm	
		Hamburg-Ohlsdorf–Hamburg-Ochsenzoll	
	30. April	Abelitz–Aurich	Bahnhofsgleis des Bahnhofs Aurich
		Duisburg-Meiderich Süd–Mülheim-Styrum	
	1. Mai	Ziesar–Görzke	
		Armsheim–Wendelsheim	Umwandlung in Bahnhofsgleis
		Alzey–Selzen-Hahnheim	
		Abzweigstelle Bürgerhorst–Strelitz Al	
		Abzweigstelle Vdü–Fürstenberg (Havel)	
	17. Mai	Gaildorf West–Untergröningen	
	30. Mai	Altenburg–Narsdorf (Schienenersatzverkehr)	
	31. Mai	Uelzen–Danneberg West	
	1. Juni	Eilsleben–Völpke	
		Annaburg–Prettin	

	Abzweigstelle Svt (Schlauroth)–Königshain-Hochstein (Schienenersatzverkehr)	
2. Juni	Sternberg (Meckl)–Karow (Meckl)	
	Teterow–Gnoien	
	Malchin–Waren	
	Grunow–Peitz	31. Mai 1996
	Lübben Hbf–Luckau	
	Booßen–Küstrin-Kietz	
	Templin–Fürstenberg (Havel)	
	Templin–Hohenlychen am 17. Mai, Hohenlychen–Fürstenberg am 19. Mai	
	Wünschendorf–Weida	
	Zeulenroda unt Bf–Zeulenroda ob Bf	
	Schleiz West–Saalburg (Saale)	
	Korbach–Willingen	
	Wustermark–Abzweigstelle Awf	
6. Juni	Limbach–Kändler	Streckenrangiergleis
	Schlema unt Bf–Schlema obf Bf	
8. Juni	Bayreuth St. Georgen–Weidenberg	Schienenersatzverkehr wegen Oberbauschäden
1. Juli	Anschlussstelle Hernfurth–Korbach	
	Erbach–Bad Marienberg	
	Lauterecken-Grumbach–Staudernheim	
	Lampertsmühle-Otterbach–Weilerbach	
15. Juli	Homburg (Saar) Hbf–Anschlussstelle Waldmohr	
18. Juli	Velgast–Tribsees	
	Prenzlau–Löcknitz	
	Prenzlau–Strasburg	
	Damme–Gramzow	
	Angermünde–Bad Freienwalde	
1. August	Zweibrücken Hbf–Zweibrücken-Ixheim	
	Herzogenrath–Siersdorf	
2. August	Abzweigstelle Silberhausen–Dingelstädt	
1. September	Dannenberg West–Wustrow	
	Enzelhausen–Au (Hallertau)	
	Bad Endorf–Obing	
	Anschlussstelle Altmann–Mainburg	
	Fischach–Markt Wald	
	Guttau–Baruth	
27. September	Forst–Weißwasser	
28. September	Werder–Golm	
	Selb-Plößberg–Selb-Plößberg Grenze	
1. Oktober	Ungerhausen–Ottobeuren	
	Königswalde–Annaberg-Buchholz ob Bf	
7.Oktober	Abzweigstelle Kerkow–Abzweigstelle Erichshagen	
21. Oktober	Teterow–Gnoien	
	Malchin–Dargun	

	30. Oktober	Schmalkalden–Kleinschmalkalden	
	31. Oktober	Blaufelden–Langenburg	
	1. November	Malente-Gremsmühlen–Lütjenburg	
		Sperenberg–Jüterbog	bis 2. Juni
	30. Dezember	Rheinsberg–Stechlinsee	
		Walthersdorf–Crottendorf	
	31. Dezember	Rahden–Uchte	
1997	11. Januar	Ensthal am Rennsteig–Probstzella	Schienenersatzverrkehr bis 14. Dezember 2002
2001	9. Juni	Hohenwulsch–Kalbe	Schienenersatzverkehr wegen Oberbauschäden
		Könnern–Baalberge	Schienenersatzverkehr wegen Oberbauschäden
		Eibau–Seifhennersdorf–Großschönau	Schienenersatzverkehr wegen Oberbauschäden
		Rochlitz–Wechselburg	Schienenersatzverkehr wegen Oberbauschäden
		Leipzig Bayer Bf–Leipzig-Connewitz	
		Ilmenau–Ilmenau Bad	
		Herborn–Hartenrord	
	28. Juni	Bleicherode Ost–Großbodungen	Schienenersatzverkehr wegen Brückenschäden bis 13. Dezember 2002
		Leinfelde Teistungen	
	3. Oktober	Bad Wildungen–Edertal-Hernfurth	
2002	1. August	Halle-Nietleben–Halle-Dölau	
	13. August	Wechselburg–Glauchau	
	28. September	Bad Schmiedeberg–Bad Düben	
		Bitterfeld–Stumsdorf	
		Salzwedel–Oebisfelde	
		Eilsleben–Blumenberg	
		Egeln–Staßfurt	
		Heudeber-Danstedt–Osterwieck West	
		Hettstedt–Gerbstedt	
		Zeitz–Meuselwitz	
	6. Oktober	Guben–Gubin (PKP)	
	7. Oktober	Abzweigstelle Cottbus-Sandow–Peitz	durch neue Strecke ersetzt
	14. Dezember	Horka–Niesky	
		Löbau–Ebersbach	
		Leipzig-Plagwitz–Gaschwitz	
		Meuselwitz–Altenburg	
		Vaihingen (Enz) Nord–Enzweihingen	
2003	5. April	Hungen–Wölfersheim-Södel	
	28. Juni	Ermsleben–Gernrode	Schienenersatzverkehr
	November	Neuenheersee–Willebadessen	neue Trasse
	1. Dezember	Rathenow–Neustadt (Dosse)	
	14. Dezember	Brandenburg Hbf–Belzig	
		Frose–Ermsleben	
		Röblingen am See–Querfurt	

31. Dezember	Lugau–Wüstenbrand	
	Bad Salzungen–Vacha	9. Juni 1997
	Bleicherode Ost–Bischofferode	
	Erfurt Nord–Erfurt-Marbach	
	Halle-Nietleben–Halle-Dölau	
	Gerbstedt–Hettstedt	
	Blumenberg–Eilsleben	Blumenberg bis km 8,6 Bahnhofsgleis

Quellen- und Literaturverzeichnis

[1] Dürr, Heinz: Die Bahnreform, und was die Bahn selbst tun muß. In: Die Deutsche Bahn, Darmstadt 1/1993

[2] Das Sparwunder. In: Manager-Magazin 2/2004

[3] Daten und Fakten sowie Personaldaten 1994 bis 1998, herausgegeben von der Deutschen Bahn

[4] Bahn-Jahrbuch, München 1994 ... 2004; Roggenkamp, Helmut: Jahrbuch des Schienenverkehrs, Nordhorn 1994, verschiedene Geschäftliche Mitteilungen der Deutschen Bahn, Lok-Magazin, München 2002, 2003

[5] Johannes Ludewig: Freude ja, Jubel nein. In: Die Welt, Berlin 14. Januar 2004

[6] BR Report, Frankfurt am Main 7. November 2003

[7] Eisenbahn-Kurier, Freiburg 6/2002, 4/2003

[8] Wettbewerbsbericht März 2004, herausgegeben von der Deutschen Bahn

[9] BR-Journal, Mainz, 13. März 2004

[10] Märkische Allgemeine, Potsdam, 28. Januar 2004

[11] der Fahrgast, Detmold 4/2003

[12] Generalanzeiger Bonn vom 23. Dezember 2003

[13] Karl-Dieter Bodack: Im Schleudersitz als City-Hopper - Verlieren wir die Kultur des Bahnreisens? In: der Fahrgast, Detmold 1/2004

[14] Frankfurter Allgemeine Sonntagszeitung vom 22. Mai 2003

[15] Presseinformation der Deutschen Bahn, Stuttgart/Singen vom 12. Februar 2004

[16] Unsere Schienenfahrzeuge im Fernverkehr/Unsere Schienenfahrzeuge im Regional- und Stadtverkehr, herausgegeben von der Deutschen Bahn, Kommunikation Personenverkehr, Frankfurt am Main 2004, sowie Mitteilung von DB-Systemtechnik Minden

[17] Bahn-Zeit, Berlin 3/2002, S. 12

[18] Martin, Ullrich: Braucht die moderne Bahn noch Anschlussbahnen? In: Eisenbahntechnische Rundschau, Darmstadt 3/2004

[19] Rundschreiben des Geschäftsbereichs Personenbahnhöfe vom 26. Februar 1996

[20] Nach Folien des DB-Netz-Vorstands Roland Heinisch

[21] DB-Energie führt Gespräche mit Bundeskartellamt über Öffnung des Bahnstromnetzes. In: Presse-Information 121/2003 der Deutschen Bahn, Frankfurt am Main vom

29. August 2003; siehe auch »Neues aus ‚Lummerland'« in: Eisenbahn-Revue International, Luzern 10/2003
[22] Pällmann, Wilhelm: Zehn Jahre Bahnreform. Bilanz und Ausblick. In: Internationales Verkehrswesen, Hamburg 2004, S. 127 ff.
[23] Dewald, Ingo, Kohn, Christian, Leister, Hans: Erfahrungen von Connex auf dem Netz der DB AG. In: Eisenbahntechnische Rundschau, Darmstadt 7/8/2001

Abkürzungen

Betra	Bau- und Betriebsanweisung
BLS	Bern-Lötschberg-Simplon-Alpenbahngesellschaft
DNR	Reisezug Dritter im Nahverkehr
ETCS	European Train Control System
ICE	Intercity-Express
Lr	Leerreisezug
TEE	Trans European Excellence